趣味学编程

特级教师带你零基础玩转Mind+

李伟 编著

机械工业出版社
CHINA MACHINE PRESS

本书是专门为青少年编写的零基础图形化编程语言教程，由浅入深、循序渐进地讲授了图形化编程软件的编程知识。本书采用项目式编排，分为走进卡通世界、艺术绘画之旅、奇妙的算法、排序与序列之美、星际之战游戏和人工智能初探六章。全书内容以游戏贯穿，先讲思维再讲应用，让读者在游戏中收获技能，培养思维，使生活中的创意通过编程变为现实。

本书是零基础起步教程，适合广大青少年和所有对编程感兴趣的初学者阅读，也可作为学校编程社团和编程培训机构的参考书。

图书在版编目（CIP）数据

趣味学编程：特级教师带你零基础玩转Mind+ / 李伟编著. — 北京：机械工业出版社，2022.2
ISBN 978-7-111-69904-0

Ⅰ. ①趣… Ⅱ. ①李… Ⅲ. ①单片微型计算机－程序设计－青少年读物 Ⅳ. ①TP368.1-49

中国版本图书馆CIP数据核字（2021）第261227号

机械工业出版社（北京市百万庄大街22号 邮政编码100037）
策划编辑：黄丽梅　　责任编辑：黄丽梅
责任校对：张亚楠　王　延　　责任印制：郜　敏
北京瑞禾彩色印刷有限公司印刷

2022年2月第1版第1次印刷
169mm×239mm・14.25印张・226千字
标准书号：ISBN 978-7-111-69904-0
定价：59.00元

电话服务　　网络服务
客服电话：010-88361066　机　工　官　网：www.cmpbook.com
010-88379833　机　工　官　博：weibo.com/cmp1952
010-68326294　金　书　网：www.golden-book.com
封底无防伪标均为盗版　机工教育服务网：www.cmpedu.com

序　一

当今时代是一个不断变化的时代，社会各领域都因为信息技术的介入而发生了深刻的变化，作为信息时代“原住民”的青少年应该具备什么样的能力，是当前的教育者必须思考的问题。

早在 1981 年，苏联计算机教育专家伊尔肖夫（Ershov）就在第三届世界计算机教育应用大会上以“程序设计——人类的第二文化”为题进行了大会报告。他指出阅读与写作能力是人类的第一文化，而阅读与编写计算机程序的能力是第二文化。随着计算机的发展和普及，人类只有第一文化就不够了，必须掌握阅读和编写计算机程序的能力。

2014 年我国发布的“中国学生发展核心素养”中，也指出学生应该“具有数字化生存能力”。在教育部发布的《普通高中信息技术课程标准（2017 年版 2020 年修订）》中，将“计算思维”作为信息技术学科的核心素养。近年，不断有科技工作者指出，信息素养是信息社会公民的基本素养，信息素养是 21 世纪的通行证。因此，培养青少年的信息素养、特别是“计算思维”已成为信息技术教育专家的共识。而青少年信息素养的培养、计算思维的养成，离不开以程序思维为核心的程序设计相关教学。

不过，值得注意的是，青少年编程教学的重点不应该被理解为教会学生编写代码，其核心应该是帮助学生在学习中理解如何与计算机进行交流，并建立利用计算机解决问题的基本思维（计算思维），这其中包括系统思维、结构思维、抽象思维、逻辑思维、实体思维、关系思维等。依据青少年的认知特点，图形化编程是最适合青少年学习的编程方式。

李伟先生是我所熟悉的一位长期工作于信息技术教学一线的优秀教师，爱思考，有创意，能实践。我的工作正好也与信息技术教学相关，所以我们偶尔会有一些交流。前段时间，他编写了一本青少年编程的教程，将书稿发给了我，我得以提前拜读了。

我在翻阅书稿时，发现教程内容很有童趣，是一本适合青少年学习使用的编程教程。

这本教程内容覆盖全面，以案例方式编写，具备青少年计算思维培养的视野，学习者也能体验信息处理加工的基本流程，是编者多年教学经验的精炼，也是一线教师对青少年编程教学的操作性思考，具备应用价值。李老师及其同行者所做出的努力以及在教学一线对信息技术学科教学的尝试与改变是值得肯定的。

祝他们在一线的教学实践中取得更好的成就，也祝愿他们成长为那个更为专业的自己！

周雄俊

四川师范大学计算机科学学院专业教师

硕士研究生导师

序　二

在计算思维教育的道路上前行

欢迎来到计算思维的世界！我很高兴能为李伟老师的图书撰写这篇序言，因为它和计算思维培养相关，而这正是我七年多来每天都在实践的主题。

当你听到计算思维时，是否会立刻联想到数学或做算术题呢？实际上，计算最初就是指算术，而且始终伴随着人类的生活。考古学家挖掘出的美索不达美亚地区公元前 2500 年的石刻，使用十进制或六十进制进行记账，这就是有力的证明。或许是出于对重复性工作的懒惰和对自动化计算的追求，在计算的发展史中，人类一直在提升计算能力的道路上前行。计算工具数不胜数，如算盘、自动加法器、差分机、计算尺、手持电子计算器等，如今的数字计算机更是自动化计算工具的集大成者，其应用遍布生活的每一个角落：电子表格帮助我们快速有序地规整信息，自动感应门帮助我们无触摸开门，扫码和人脸识别支付的方式代替纸币支付，地图类 APP 帮助我们计算并推荐目的地路径，指纹解锁软件相对安全又快捷。各种计算形式极大地丰富了人们的生活，但是科技的落地速度却和我们对科技的理解速度并不一致，这就需要我们具备基本的计算思维和能力。

在我国《普通高中信息技术课程标准（2017 版 2020 年修订）》中，计算思维被定义为个体在运用计算机科学领域的思想方法形成问题解决方案的过程中产生的一系列思维活动。因此，想要深入理解计算思维，培养解决计算问题的能力或把其他领域问题转换成计算领域问题的能力，学习计算机科学领域的思想方法就是必经之路。站在程序员的视角，这个问题并不复杂：只要让学习者接触编程语言就可以了。但是站在教育者的视角，这个问题却非常复杂：传递知识需要考虑青少年的认知，那些抽象的代码符号对孩子来说太抽象了。

知识的构建不一定非要采取它最原始的形式才能吸收到头脑中。实践中，教育者们想出了各种各样的方法让计算机科学领域的思想方法符合青少年的认知能力。一个经典的例子就是“不插电的计算机科学”项目，它以游戏的形式展开，过程中结合了计算机科学领域中的概念和实践。还有一个经典的、被证明行之有效的实践方式——图形化编程。它将复杂符号构成的代码转变成了可拖拽的积木块，还整合了一个丰富多彩的舞台和众多可以在舞台上“演出”的角色，且自然地融入了大量计算机科学的知识，特别是编程知识，深得青少年的喜爱!

此外，适用于青少年的图形化编程还有另外两个优势：锻炼学习者的逻辑思维、创造性思维和批判性思维。在学习图形化编程的过程中，孩子们会很自然地用到逻辑思维方法：比较、分类、分析、综合、归纳、演绎、抽象、概括。此外，在创作作品的过程中，孩子们还会天马行空地增加一些自己想实现的功能。看来图形化编程工具还是一个创意表达工具呢！创造过程积累多了，孩子们便会养成创造性人格。最后，图形化编程过程会使得学习者自然而然地纠正脑海中错误的图示，从而培养更加精准地推理以及问自己“我到底哪里出错了”的打破砂锅问到底的精神。当然，这一切都需要有合适的课程或图书作辅助。

这本书正是使用图形化编程工具来培养读者的计算思维。本书以较短的篇幅讲解了图形化编程工具的基本知识，然后讲解了变量和列表两个重要的概念，并用它们组织数据的结构，帮助读者构建基本的数据模型。接下来作者用大量的篇幅讲解了计算思维的核心之一——算法，主要包括二分查找和各类排序算法。查找和排序算法是锻炼计算思维的一种途径，我们可以比较不同计算方法的策略差异，感受现代计算机的强大算力。最后作者讲解了数据可视化的概念和应用实例。

这也体现了图形化编程工具兼容并包的跨领域能力。相信在作者的带领下，读者一定能够领略到图形化编程的乐趣。

希望这本书能够燃起更多计算思维教育的星星之火，助计算文化燎原之势！

李泽

国内资深创客、信息系统项目管理师

《Scratch 高手密码》《计算思维养成指南》作者

前 言

经常听到家长们议论，为什么要让孩子学习编程？答案往往是：学习编程可以开发孩子的大脑，培养逻辑思维能力。这些说法当然没有错，但作为一名特级教师，我更想说的是，学习编程的目的，是让孩子们能够更好地面对未来挑战，改变未来生活，改造未来世界。今天孩子们身处的时代，信息技术极大地改变了人们的交往、学习和生活方式，成为人工科学的核心构成、自然科学的重要支撑、社会科学的创新引擎。“中国学生发展核心素养”提出，让学生在学习、理解、运用科学知识和技能等方面形成正确的思维方式，教育部发布的《普通高中信息技术课程标准（2017 年版 2020 年修订）》中，将计算思维作为学生的核心素养。培养学生信息素养、特别是计算思维成为学校教育和家庭教育中的重要环节。培养信息素养、计算思维的有效途径是以程序思维为核心的相关教学，而在游戏中学习，能最大程度地激发孩子们的学习兴趣，非常高兴地告诉大家，通过游戏中的学习，我身边的孩子们已经获得了 6 项国家发明专利，多次获得青少年创新大赛奖项，孩子们用虚拟程序与真实世界连接的作品，获得中国青少年 21 世纪技能大赛一等奖，还受邀给欧洲的 CEO 团队做展示。我们推荐使用 Mind+，这是一款拥有自主知识产权的国产青少年免费编程软件，既可以拖动图形化积木编程，还可以使用 Python/C/C++ 等高级编程语言，一站式贯穿孩子编程学习的全过程。其次结合掌控板，除了因为掌控板价格便宜，集成了多种传感器外，还因为它支持人工智能（AI）与物联网（IoT）的学习。

本书具有以下几个特点。

- 轻松学习：结合孩子的身心发展规律，采用互动游戏式的方式编写，帮助孩子构建基本的数据模型，学习计算思维的核心之一——算法。
- 充满童趣：如火星着陆、星际之战，结合人工智能硬件，可以将学到的算法知识运用到实际生活中，指导并改变生活。
- 讲解细致：面对初学者，尽可能细致地讲解，即使完全没有基础的读者，也能够通过本书轻松学会。
- 适用性强：本书的知识覆盖青少年图形化编程考级的知识点，既可以作为学校开展创客教育的教材，也可以作为培训机构编程考级的教材。

书中配套的视频、课件、源文件，可以通过百度网盘进行下载，网址是：http://pan.baidu.com/s/1McfuaNXAVfzt498XRnuRzQ，提取码是 waxx。为了方便读者学习，也可以加入读者 qq 群：297587114，和小伙伴们一同学习与交流，共同提高。如果发现错误与不妥之处，欢迎与我交流，以期再版时修正。

李　伟

目 录

第三章 奇妙的算法

第四章 排序与序列之美

第一章 走进卡通世界

01

Mind+ 的安装

Mind+ 是一款基于 Scratch 3.0 开发的青少年编程软件，有着亲和的界面和丰富的扩展功能，同时支持图形化编程语言与 Python 语言、C 语言等多种代码编译环境。使用者在学习图形化编程的过程中，同时也能学习到代码的编写。Mind+ 为不同层次的学习提供了一站式平台支持。

```
import time

arr = [3,5,7,9,12,15,18,32,66,78,94,103,269]
tn = int(input('请输入你要查找的数'))
low = 0
high = len(arr) - 1
while low <= high:
    m = int((high + low)/2)
    print('中间数是', m ,'数值是', arr[m])

    if arr[m] == tn :
        print('ok')
        break
    else:
        if arr[m] < tn:
            low = m + 1
            print('中间数小于查找的数','low变成',low,'high变成',high)
            time.sleep(1)
        else:
            high = m - 1
            print('中间数大于查找的数','low变成',low,'high变成',high)
            time.sleep(1)
if low > high :
```

同时支持图形化编程语言与 Python 语言、C 语言等多种代码编译环境

首先，打开官网网址：http://mindplus.cc/，如下图所示。

官网下载界面

点击【立即下载】后，弹出选择版本的窗口，可以根据自己的计算机系统选择相应的版本下载，本书以 Windows 系统版本为例，按照提示，一步一步进行安装即可（配套视频 01），如下图所示。

选择安装版本

下载安装完成后，双击桌面的图标  就能进入 Mind+ 的精彩世界了，如下图所示。

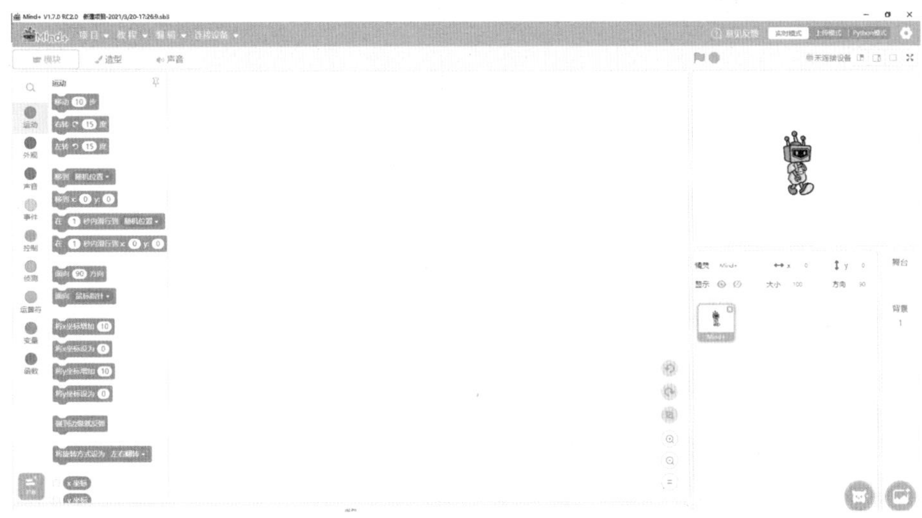

Mind+ 的工作界面

我是大导演

安装好了 Mind+ 以后，你瞬间就变成了大导演（配套视频 02），需要什么样的舞台，什么样的演员，发生怎样的传奇故事，此刻都是你说了算。作为大导演，首先需要掌握的知识是怎样选择拍摄的场景和演员。

角色与舞台的添加

该到哪里去选择演员和舞台呢？在 Mind+ 的右下方，把鼠标移到角色库或背景库按钮上，在弹出的菜单中选择添加角色或舞台背景的方式。

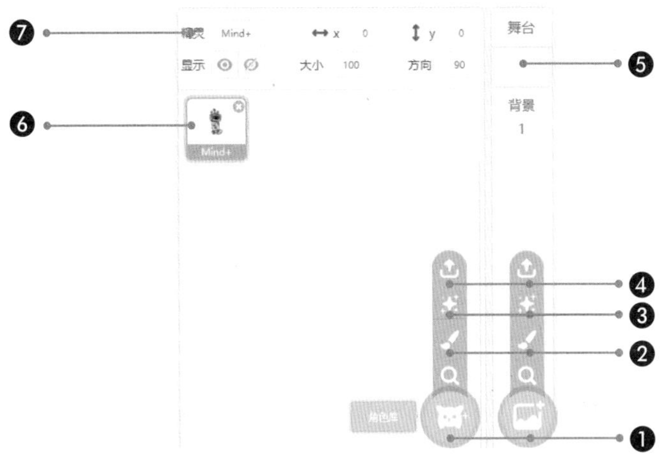

❶ 角色库和背景库按钮。Mind+ 内置了丰富的角色和背景，并且已经分门别类地整理好了，只需要点击喜欢的角色和背景，就可以将其加入到你的电影或者游戏中。

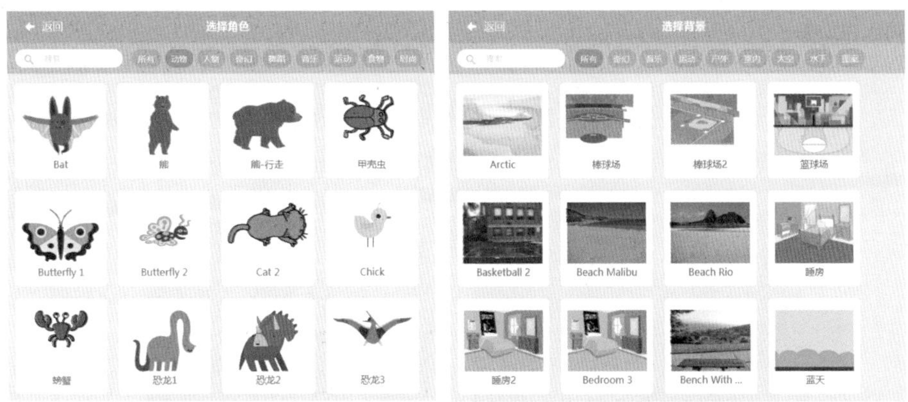

❷ 绘制角色或背景按钮。Mind+ 提供了矢量图和位图两种绘图模式及常用绘图工具，在这里可以充分发挥你的美术才华，绘制你需要的角色和背景（配套视频 03）。

矢量图与位图

左图是矢量图绘制模式，右图是位图绘制模式，两种绘图模式有不同的绘制工具，也各有优点和缺点。位图也称为点阵图像，使用一格一格的像素小点来描述图像，就像我们用相机拍摄的照片。而矢量图是根据几何特性来绘制图像，用线段和曲线描述图像。两者明显的区别在于，矢量图在放大后，图像的质量不变。而位图在放大后，会产生像锯齿一样的马赛克现象。

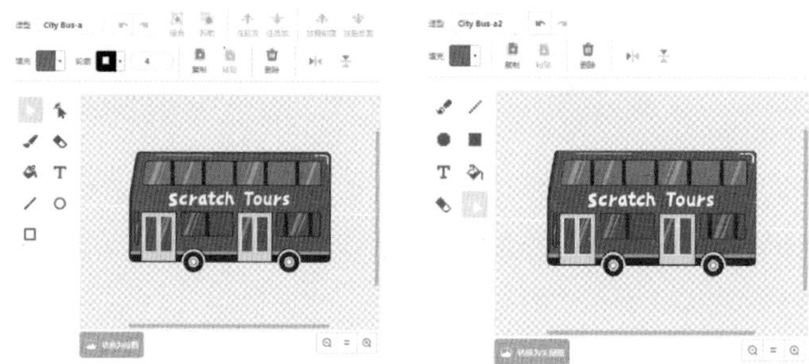

如果将上面的矢量图模式转换为位图模式，然后将两种模式的巴士图进行放大，就会发现两者的不同，矢量图依然清晰，而位图呈现锯齿状。

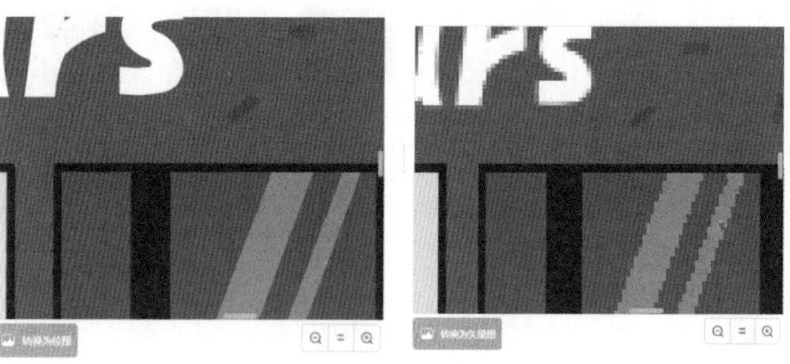

❸ 随机选择按钮。点击此按钮，系统会从角色库或背景库中随机为你挑选一个角色或者背景。如果你暂时还没有什么中意的角色和背景，或者想给自己来一个惊喜，可以试试。

❹ 上传角色或背景按钮。点击后会弹出上传角色或背景对话框，然后将外部角色或背景导入进来。

小知识

如果你想导入相机拍摄的照片、摄像头捕捉的图像或者使用其他软件绘制的图像，就需要使用从外部导入命令。Mind+ 支持 svg、jpg、png、gif 等格式的文件。其中 svg 是一种矢量格式的图像文件，jpg 是位图文件，而 png 是支持透明模式的位图文件，gif 是一种动画文件。

❺❻ 角色和舞台缩略图。通过点击缩略图，可以迅速地选择要控制的对象。

❼ 精灵名称。其实就是给演员取一个名字，比如现在舞台上精灵的名字是 Mind+。

小知识

对角色有哪些控制命令呢？比如添加了不需要的角色，该怎么删除呢？或者角色导入进来以后大小不合适怎么办呢？

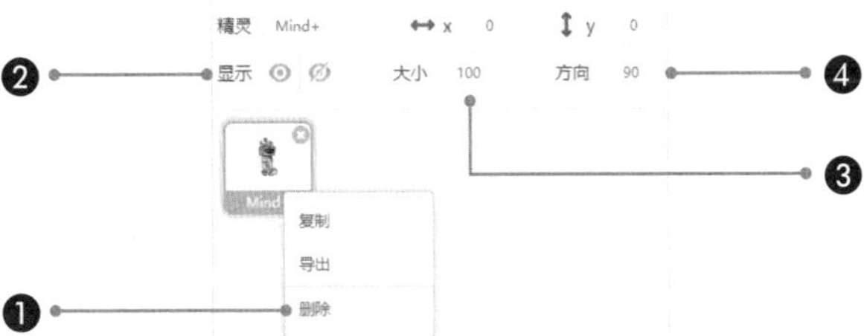

❶ 在角色上单击鼠标右键，然后选择【删除】就可以删除该角色。

❷ 通过【显示】、【隐藏】按钮来决定角色的显示与否。

❸ 大小值调整，可以调整角色在舞台的显示大小。

❹【方向】按钮，可以调整角色的方向，在后面我们会详细讲解。

下面我们来挑战一下自己，请利用我们上面所讲的知识，设计一张如下图所示的生日贺卡吧。（提示：可以从角色库挑选生日蛋糕，从背景库挑选心形背景，然后再调整角色到合适的大小）

进入卡通世界

你有没有想过，让自己走进卡通世界，和卡通明星们一起跳舞、一起游戏、一起探险呢？当然没有问题，那就先从舞蹈开始吧（配套视频 04）！首先用前面讲过的方法，将背景和卡通考核官角色导入（素材在配套文件中）。如右图所示。

导入背景和卡通考核官角色

积木的基础操作

画面上，考核官指着左边的空白处仿佛在说：“要想进入 Mind+ 的卡通世界，请你先展示一段舞蹈才艺吧！”。在 Mind+ 中，如何让角色说话呢？我们可以通过搭建【说】积木让角色说话。方法是进入左边程序模块面板，选择【外观】积木组，拖拽 积木到脚本编辑区域，如下图所示。

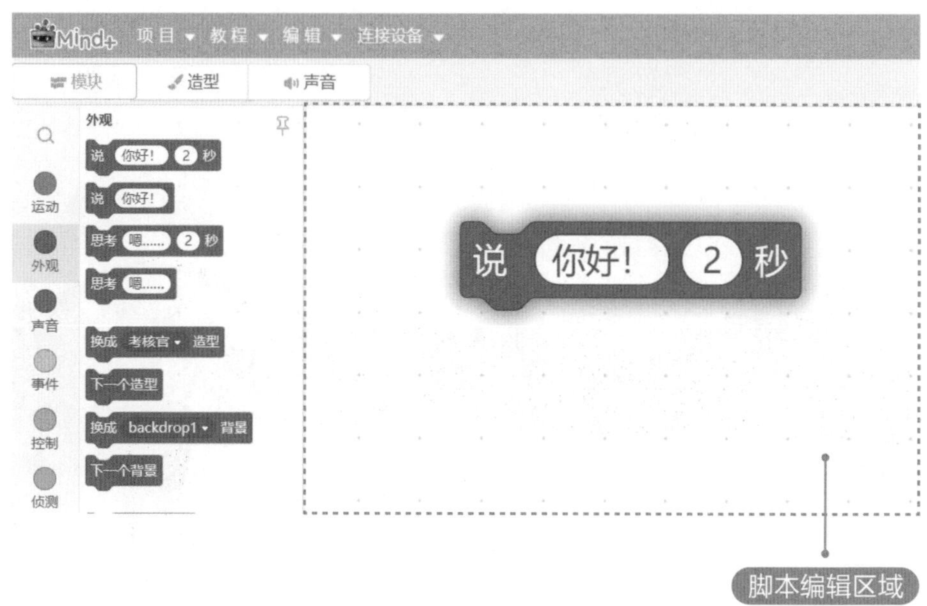

接下来，添加角色台词，在积木中的文字处单击，将文字修改为：请先来一段舞蹈吧！

添加角色台词

程序的运行与停止

什么时候开始说这句台词呢？在【事件】积木组中，拖拽 积木，将其拼搭在之前的积木上。单击舞台面板中的绿旗，就可以观看程序运行的结果了。

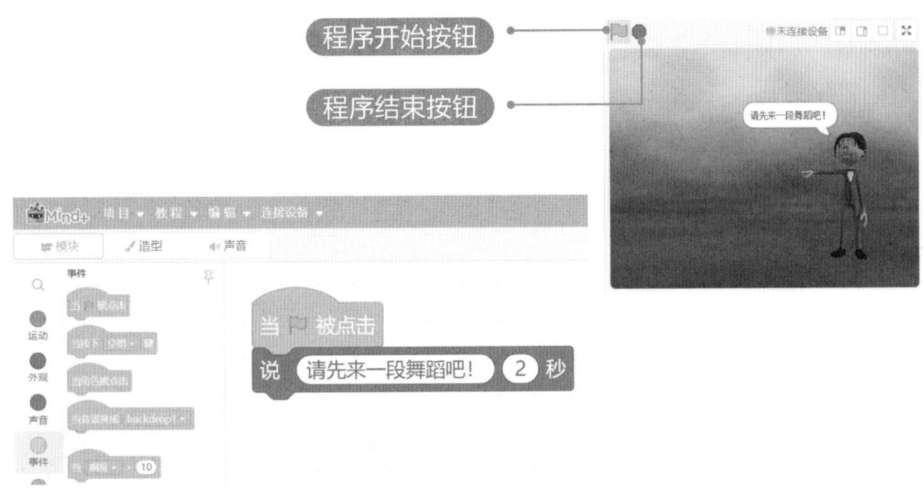

程序开始与结束按钮

万事俱备，只欠东风。现在需要主角登场了，主角是谁呢？当然是我们自己了！赶紧用相机拍摄两张自己不同舞姿的照片，通过上传角色命令，先将第一张照片上传，如下图所示。

上传自己的照片

图像的处理技巧

现在看起来效果并不好，因为照片的背景和舞台背景完全不搭，不过没有关系，在造型面板的绘图工具中，调整橡皮擦工具大小，结合放大缩小按钮，我们可以将多余的人物背景擦除。需要提醒的是：擦除过程是一个细致活，需要加倍小心。如果不小心擦除错了，可以通过撤销按钮恢复。

擦除图片背景

小知识

如果你观察过电影的拍摄现场，就会发现电影在拍摄中往往会使用蓝幕抠像技术。什么是蓝幕抠像技术呢？因为人的皮肤不含有蓝色和绿色，所以在电影拍摄中需要做合成特效时，往往在人物的后面放置蓝色的幕布，这样图像特效师就能方便地将人物与拍摄背景分离出来。

除了使用相机和手机拍摄以及通过外部文件导入照片外，如果笔记本或者计算机上有摄像头，还可以通过造型面板里的拍摄功能，直接拍摄。

如果使用蓝幕拍摄，去背景的操作会有什么不同吗？单击填充按钮，在弹出的填充颜色对话框中选择透明填充，点击图片中的蓝色背景，蓝色部分迅速被去除，与擦除操作相比，是不是方便快捷了很多呢？

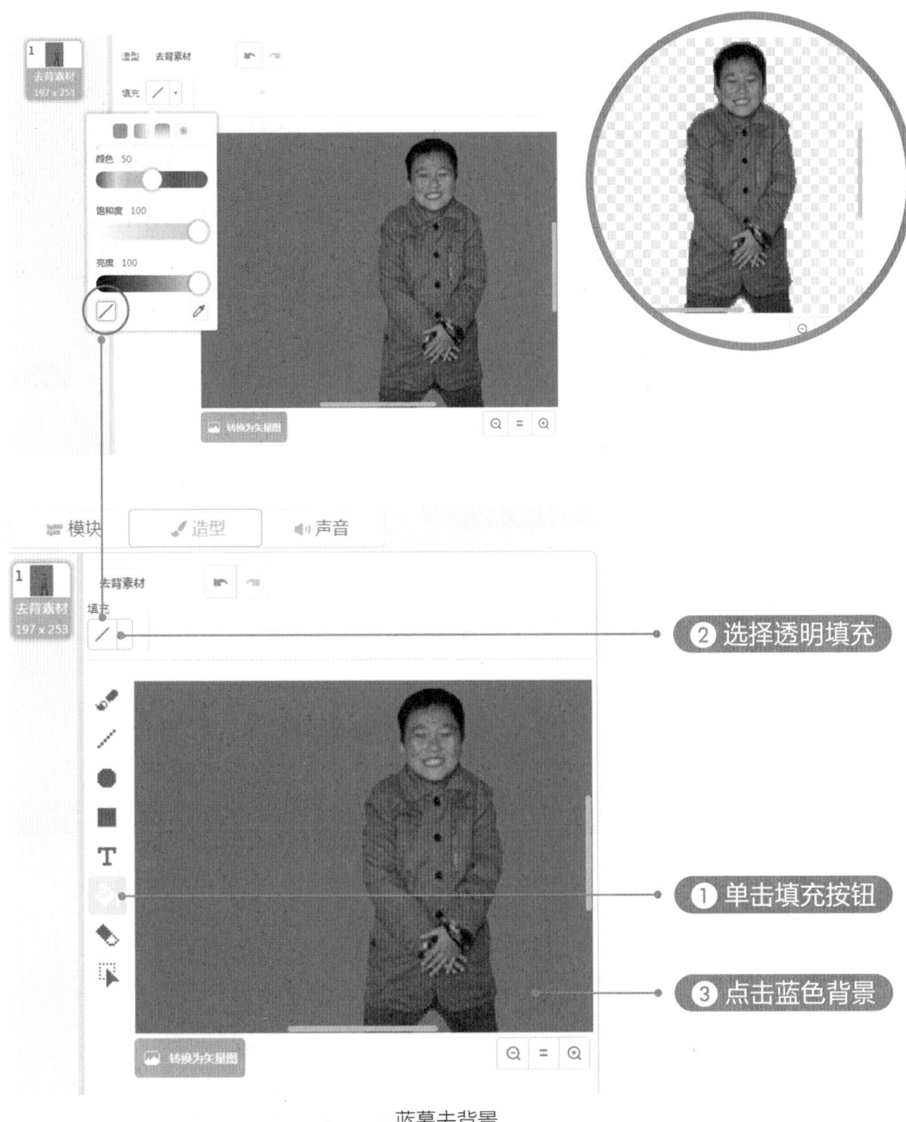

蓝幕去背景

调整好第一张照片后，单击左侧的【造型】按钮，用同样的方法导入第二张照片并进行去背景操作。

添加新的角色造型

角色造型与重复命令

进入模块面板中的外观积木组，拖拽切换造型积木到脚本区，然后用鼠标点击积木观察，每点击一次，人物就切换一次造型，舞台中的人物通过造型切换，已经有动画的效果了（配套视频 05）。不过这样手动重复点击，可真让人手累和心累呀！

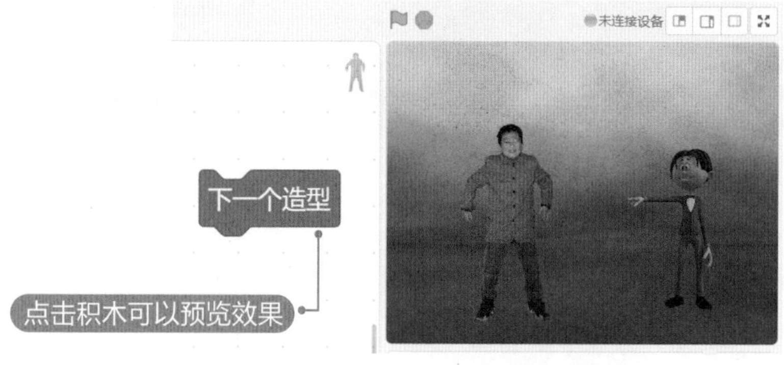

预览动画效果

没有关系，这种重复的事情，让计算机来做最适合不过了。进入控制积木组，将循环执行积木与造型积木搭建在一起，接下来再次点击搭建的积木组，就发现人物已经永不停歇地跳起舞来。并且我们发现：正在执行的程序，会有黄色的外框提示。

正在执行的程序有黄色外框提示

添加音乐

现在你一定笑起来了吧！人物的舞蹈造型高速切换，此时的场景简直不能用舞蹈来形容，用发疯来形容或许更贴切一些。而且舞蹈怎么能没有音乐呢？进入声音面板，Mind+有一个默认的音效，请点击来听听，听出来是什么声音了吗？如图所示，在声音播放按钮旁边，还有很多声音特效按钮，试试它们会带来什么惊喜吧。

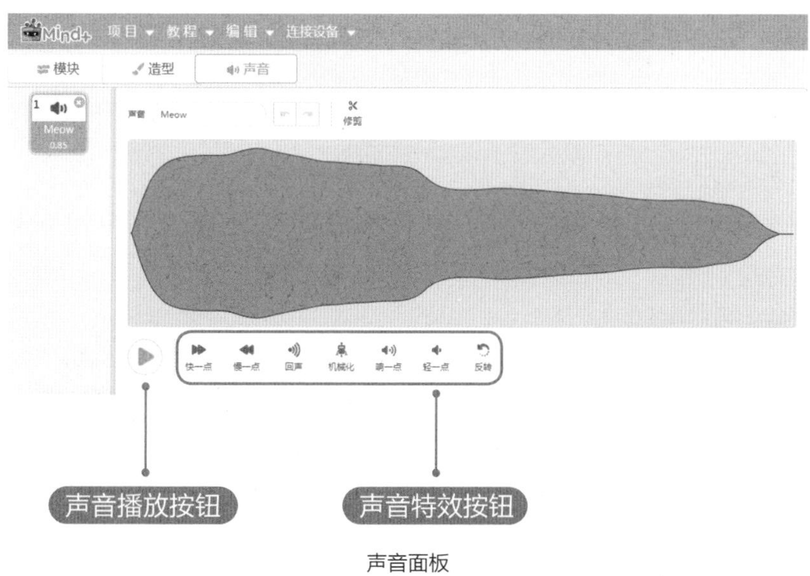

声音面板

当前的声音显然不适合我们的舞蹈，我们可以点击添加声音按钮，在声音选择对话框中选择自己喜欢的音乐。因为之前的舞蹈是循环的，所以挑选一个可循环音乐是最佳的选择，如下图所示。

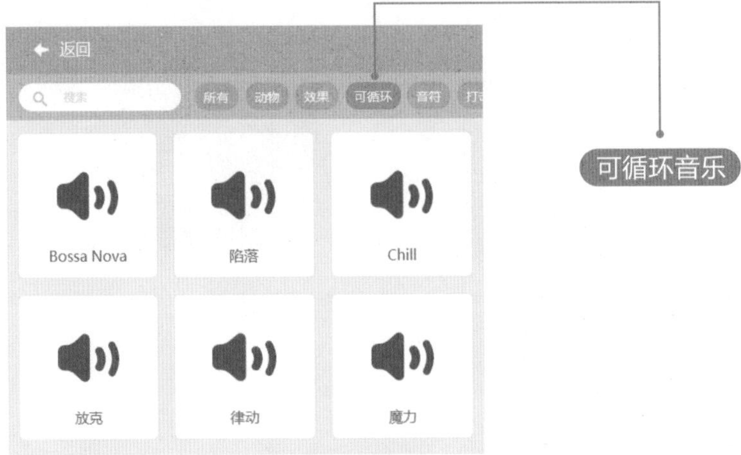

挑选可循环音乐

有了音乐素材以后，在角色中添加【播放音乐】程序，让音乐在绿旗被点击后开始循环播放。

添加播放音乐程序

根据音乐节奏，给切换造型增加一个间隔时间。添加一块【等待】积木，设置一个合理的时间，让舞蹈的动作跟音乐节奏配合起来。

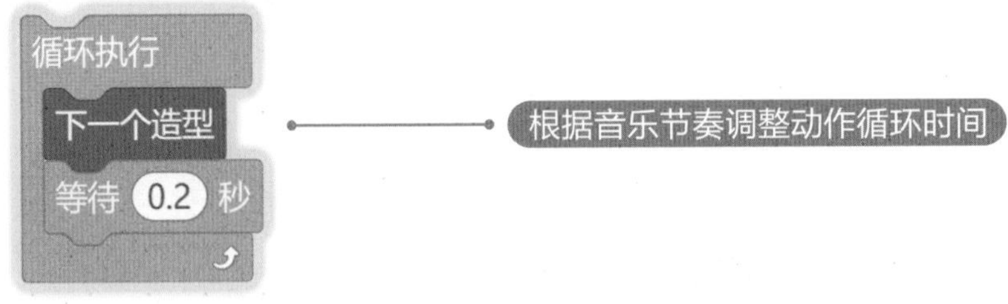

添加等待积木

小知识

发现了吗？在刚才的程序积木中，有的积木可以直接搭建，而有的积木后面则需要输入时间、次数。在编程中，输入的时间、次数、秒数值称为参数值。这种需要输入参数值的积木，称为带参数积木。

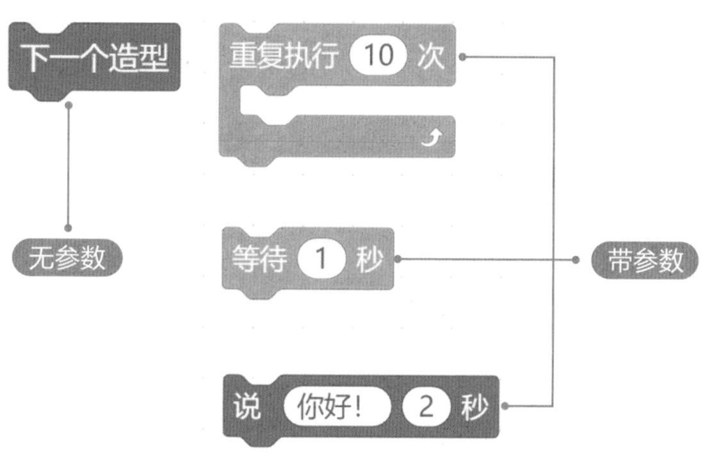

思考：点击了绿旗后，如果考核官还没有把话说完，角色就开始跳起舞来，是否符合逻辑？

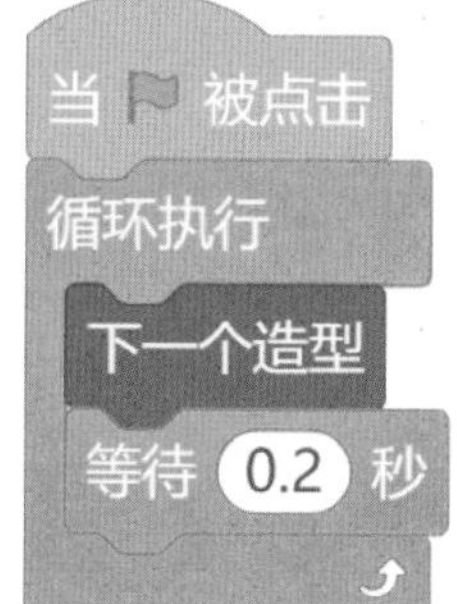

这种情况，显然不符合逻辑，正确的逻辑是考核官说完：“请先来一段舞蹈吧！”后，角色再开始表演。有什么解决办法呢？解决办法有两种，第一种方法是再添加一块【等待】积木，将等待时间设置为 2 秒，因为考核官说话的时间是 2 秒，所以等待 2 秒。

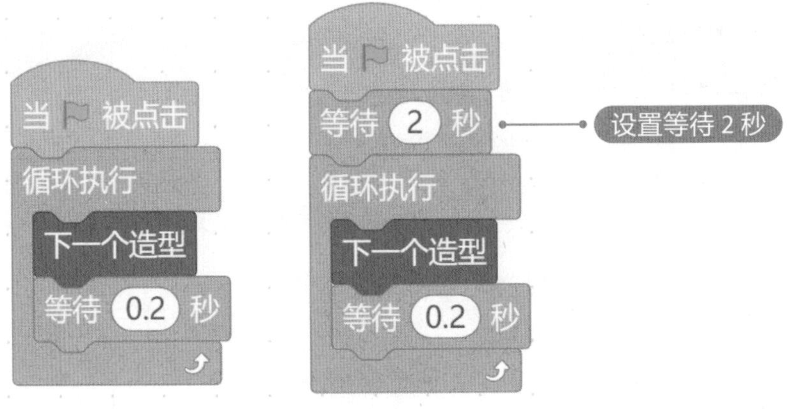

设置等待时间

事件的广播与响应

第二种办法，回到考核官角色，让考核官说完话后，发布一个广播，广播的内容可以自己设定，不过最好用简洁的语言把发布广播的目的表达清楚（配套视频 06）。这样有两个好处，第一是随着今后程序的庞大，消息越来越多，方便自己理清程序脉络。第二是在今后的团队合作中，自己写出的程序别人也能够轻松阅读，使团队合作更为高效。

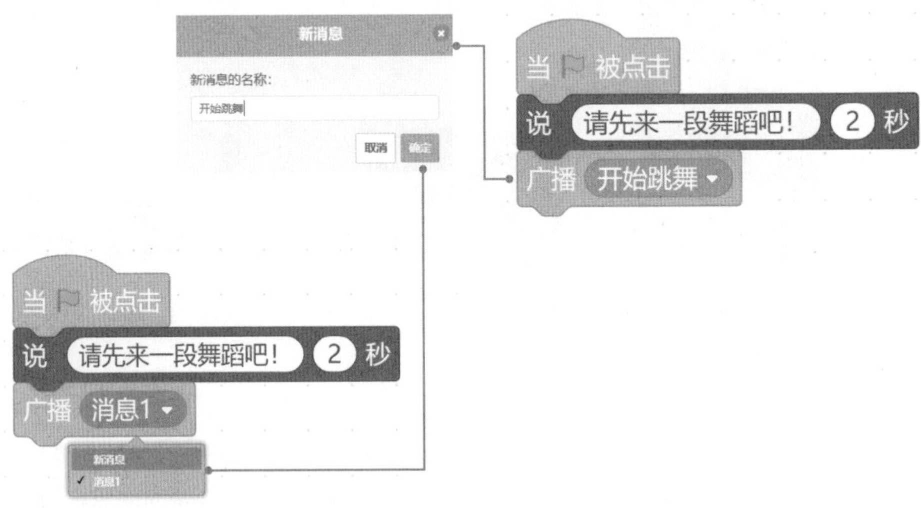

发布广播

广播发出以后，舞台中的每个角色（包括舞台）都能听见广播。这时需要谁听见广播后做出响应呢？需要谁响应，就给谁添加【当接收到】积木。当前我们希望舞蹈者能听见广播后做出响应开始跳舞，所以点击舞蹈者角色，将程序修改为【当接收到“开始跳舞”】。这样，就算前面的考核官再多说几句话，时间发生了改变，有了广播来协调，就不用再重新考虑和调整舞蹈者的等待时间了。

小知识

程序中的广播和生活中的电台广播相似。

第一：生活中的电台广播，电波会发送给每一个人，无论你是否打算收听；程序中的广播，同时会发送给每一个角色，无论角色是否打算收听。

第二：生活中，如果你打开收音机，并且调到某个电台的频率，那么收音机就会做出响应，播放该电台的节目；程序中，如果给角色添加了【当接收到】积木，只要接收到该广播，角色就会执行【广播】积木下的程序，做出响应。

第三：生活中的电台广播需使用收音机才能听见；程序中的广播只有接收广播的积木能够听见。

当接收到 开始跳舞

程序中的广播

生活中的电台广播

拓展时间

在 Mind+ 中，通过加载音乐模块，你就可以组建自己的乐队，运用上面的知识，赶快跟着我们的视频拓展课程，创作一首自己的歌曲吧（配套视频 07）。

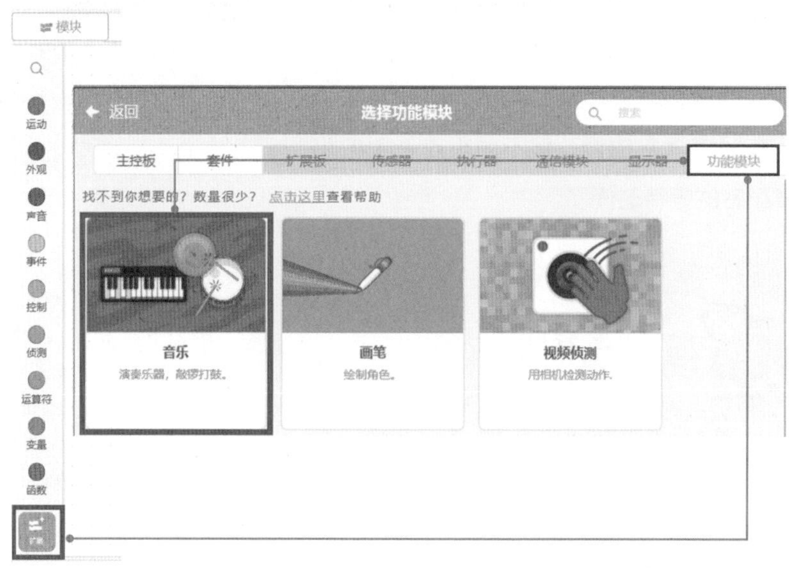

视频拓展教程《贝加尔湖畔》乐曲的编写

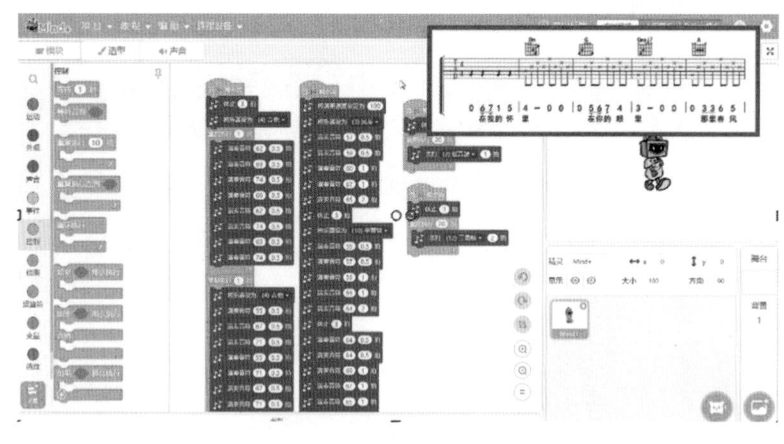

第二章 艺术绘画之旅

02

画笔

加载画笔模块

Mind+ 中，集成了丰富的扩展应用，包括神奇的画笔工具。现在就让我们进入 Mind+ 的绘画世界，一探究竟吧！单击左下角的扩展按钮 ，弹出【选择功能模块】界面，选择【画笔】模块，再返回 Mind+ 中。

选择功能模块

小知识

Mind+ 中提供了多种硬件和软件扩展模块，我们可以根据自己的需求来进行添加，不同的模块放置在不同的面板中。需要网络支持的模块，比如【文字朗读】模块、【语音识别】模块，Mind+ 将其归纳在【网络服务】面板中。

完成【画笔】模块的添加后，面板中会增加画笔功能模块。进入该模块，就能看见绘画的 9 个程序积木。有了这些工具，我们就能创作出各种神奇的美术作品，作品效果如下图所示。

作品效果

画笔积木

Mind+ 中的绘画和我们平时绘画一样，先准备好白纸和画笔，然后找到自己喜欢的颜色的画笔，抬起手将画笔拿到准备起笔的地方（抬笔），然后将画笔落在纸上开始绘画（落笔）。随着手的运动，笔的颜色就留在了白纸上。先来绘制一把拧螺钉的小工具，感受一下程序绘画的过程（配套视频 08）。

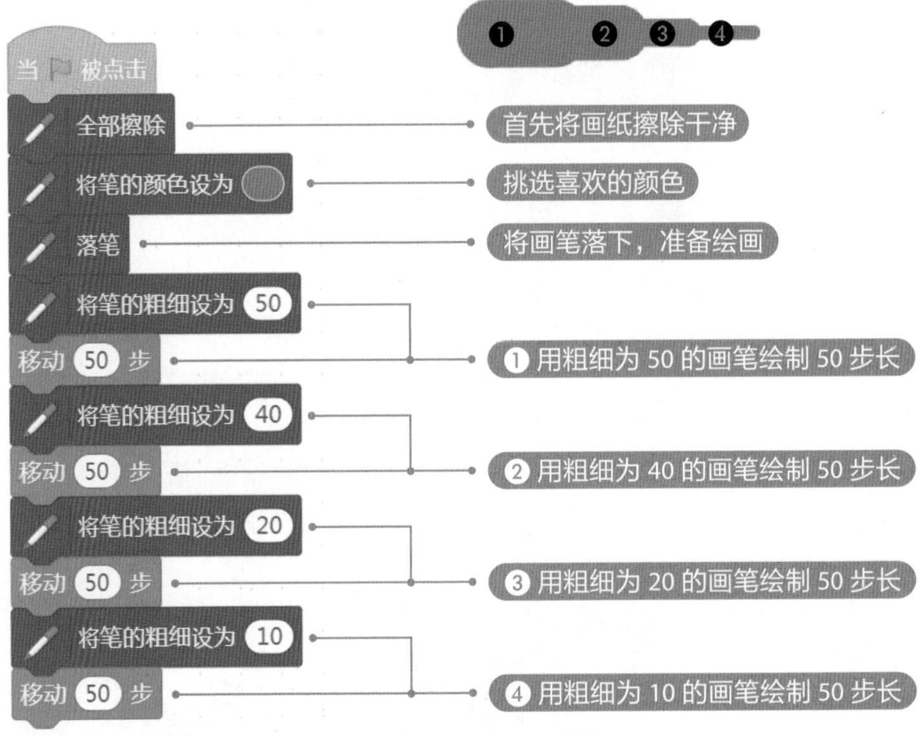

深入了解舞台坐标

就像画家在艺术创作时要熟悉手中的画布和画笔一样，我们也需要了解 Mind+ 的画布，才能准确地控制画笔，创作出数字艺术作品。Mind+ 的画布就是舞台，舞台是角色进行移动、绘画、交互游戏的场所（配套视频 09）。先在背景中添加一张名为“Xy-grid”的背景图片，这张图片标注出了 Mind+ 的舞台坐标，如下图所示。

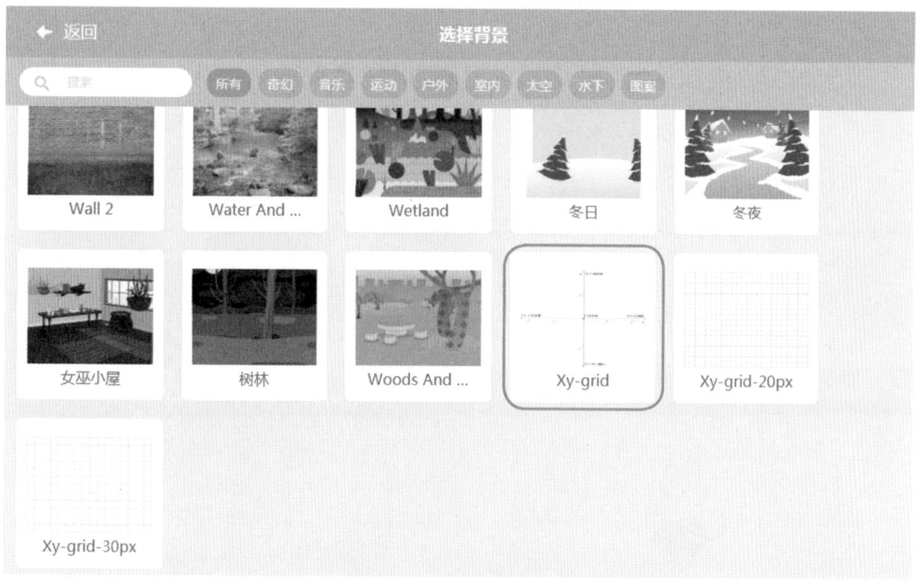

添加名为 Xy-grid 的背景图片

如下图所示，我们可以用一个坐标系来定位舞台，整个舞台的 x 坐标为 480 步长，y 坐标为 360 步长，x 坐标和 y 坐标的交叉是舞台的中心，也是原点，x=0 和 y=0。

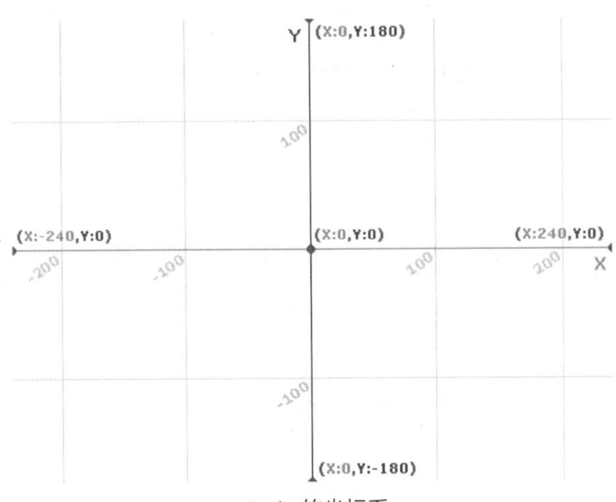

Mind+ 的坐标系

添加一只小老鼠的角色，然后试着拖动小老鼠在舞台中的位置，同时观察角色在状态栏中的坐标值（x，y）。你会发现，当角色在舞台上移动时，坐标会不断变化。Mind+ 就是通过角色的坐标值来定位角色在舞台上的位置的，如下图所示。

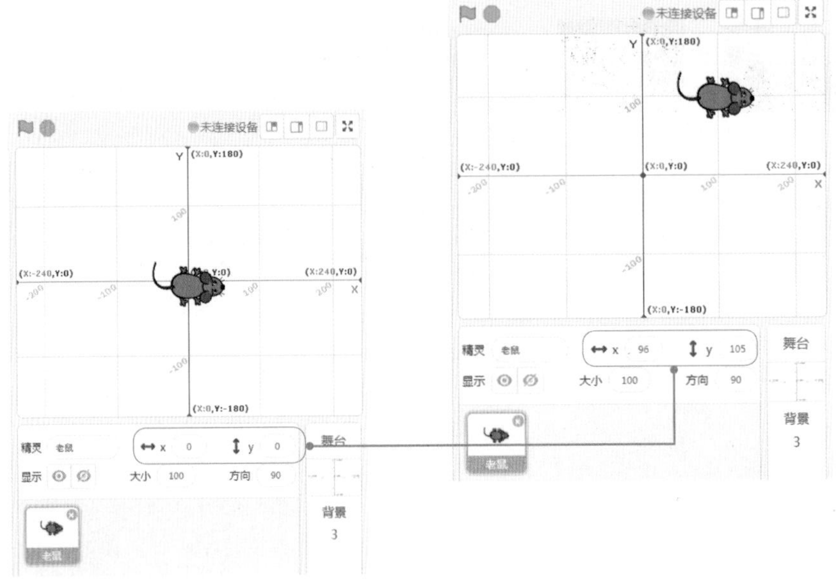

角色的坐标不断变化

练习时间

在编程的过程中，有时我们需要精确的坐标值，有时则需要估算的坐标值，尝试给下面三个点填上坐标值吧。

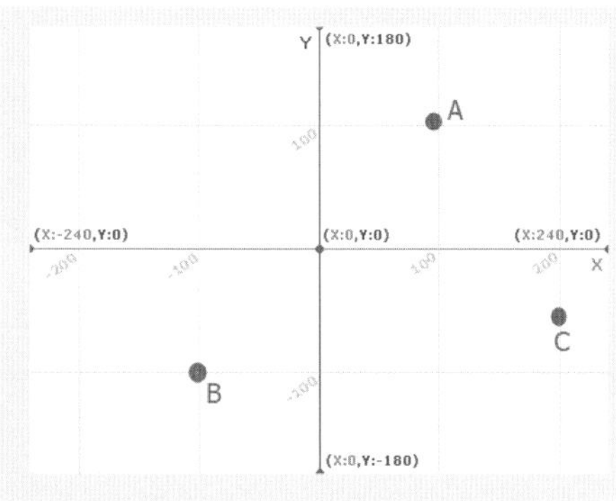

A（X: Y: ）

B（X: Y: ）

C（X: Y: ）

角色坐标中心点

坐标值是一个点在舞台上的位置。而老鼠角色造型是由很多个点组成的图形，那么老鼠角色的坐标究竟以哪个点为准呢？

进入小老鼠的造型面板，拖动小老鼠并仔细观察，会发现它的中心有一个点，而这个点就是小老鼠角色的坐标中心点，也就是说小老鼠角色的移动就是以这个点为基准的，如下图所示（配套视频 10）。

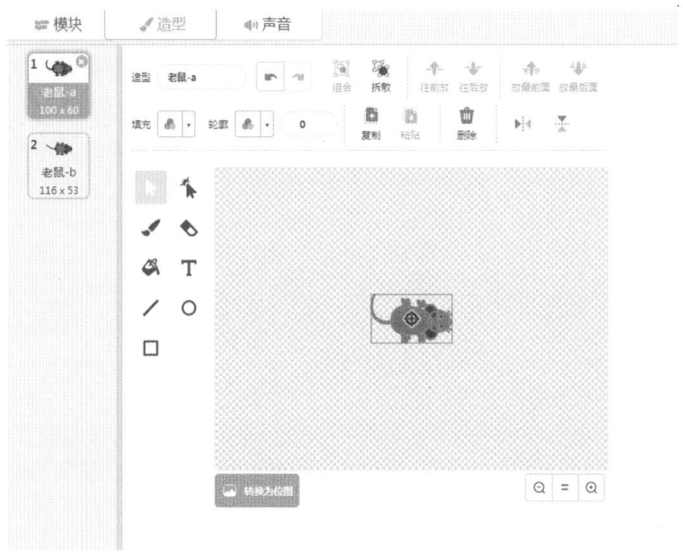

角色的坐标中心点

我们将坐标中心点设置在小老鼠的不同位置，就像我们用图钉将画有老鼠的纸片钉住一样。下面分别将中心点定位在老鼠的尾巴和身体中心两个位置，然后试着让小老鼠旋转，看看有什么区别吧。

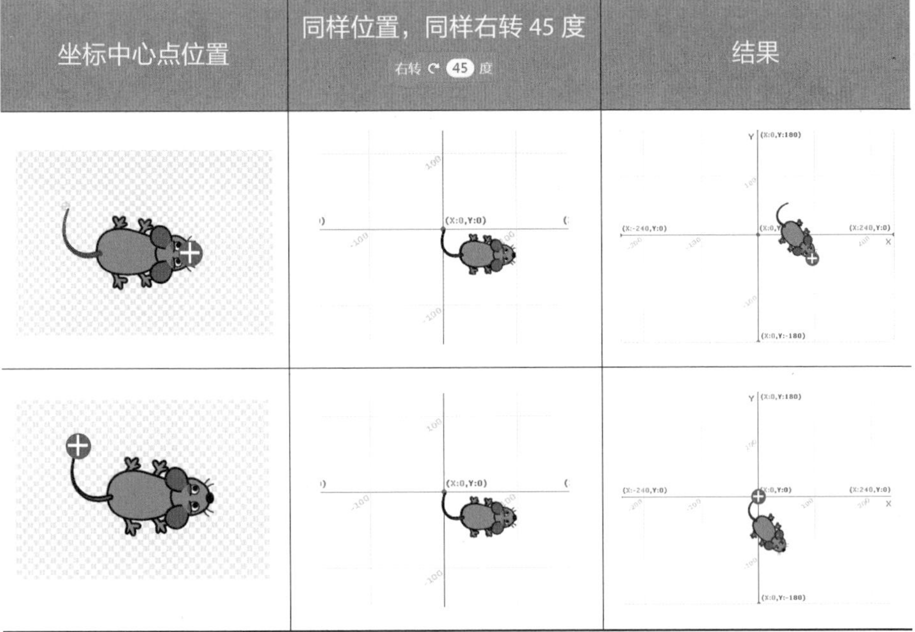

我们发现：角色坐标中心点的设置不同，即使初始位置一致、执行的命令一致，运行后的结果也完全不同。这说明角色其实是以它的中心点为基准进行移动或者旋转的。

绝对运动与相对运动

下面让我们通过玩一个小老鼠吃奶酪的游戏，来进一步掌握坐标绘图的技能（配套视频 11）。小老鼠分别采用绝对运动和相对运动来完成，它们有什么异同呢?

绝对运动

小老鼠当前的坐标位置是（x：0，y：0），奶酪的位置是（x：100，y：60），最简单的方式是使用积木移到 移到 x: 100 y: 60 。

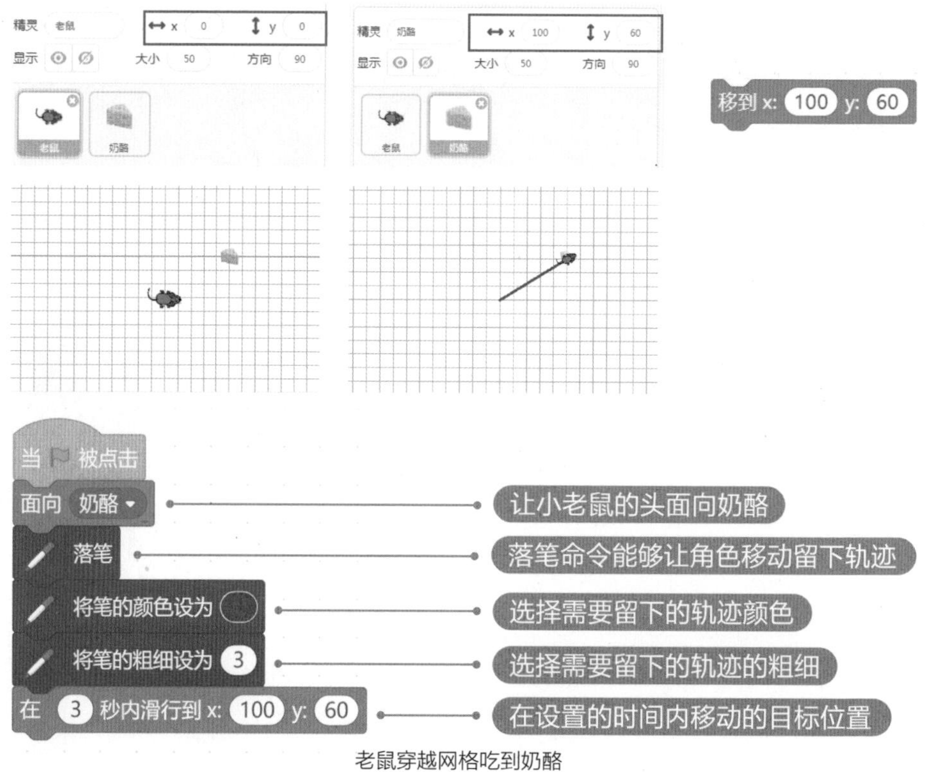

老鼠穿越网格吃到奶酪

小老鼠按照指令，从坐标原点运动到了坐标点（x：100，y：60）吃到了奶酪，之所以设置 3 秒的时间，是为了帮助我们看清楚这一过程。

接下来，进入挑战第二关，现在在网格中布满了捕鼠夹，目前只有横竖的网格线是安全路线，小老鼠又该怎样运动才能安全地吃到奶酪呢？小老鼠的当前坐标是（x：0，y：0），奶酪的坐标是（x：80，y：60）。为了方便大家看清楚，我们将网格进行了局部放大，如下图所示。

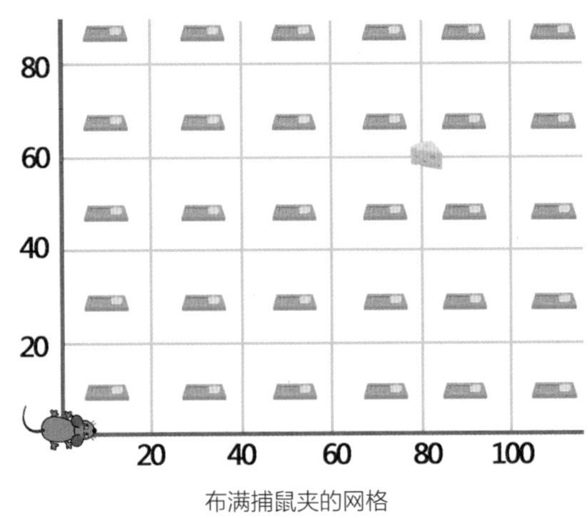

布满捕鼠夹的网格

为了避开捕鼠夹，看来需要帮助小老鼠改变策略，先调整方向左转，沿着 y 轴向上运动到 y：60，然后再右转，沿着 x 轴，横向运动到 x：80 的位置上，成功避开了众多的捕鼠夹，再次成功地吃到了奶酪。

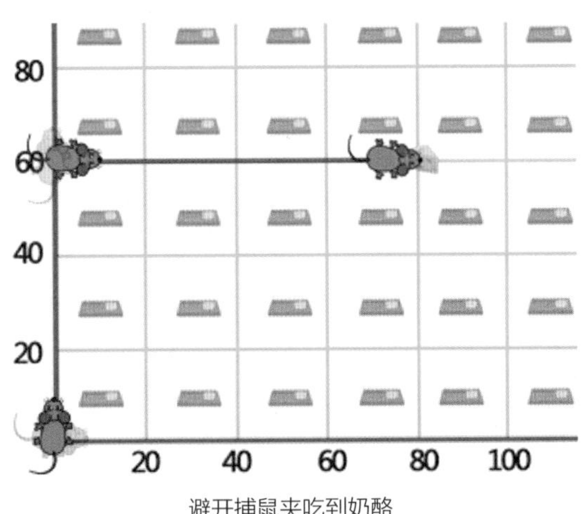

避开捕鼠夹吃到奶酪

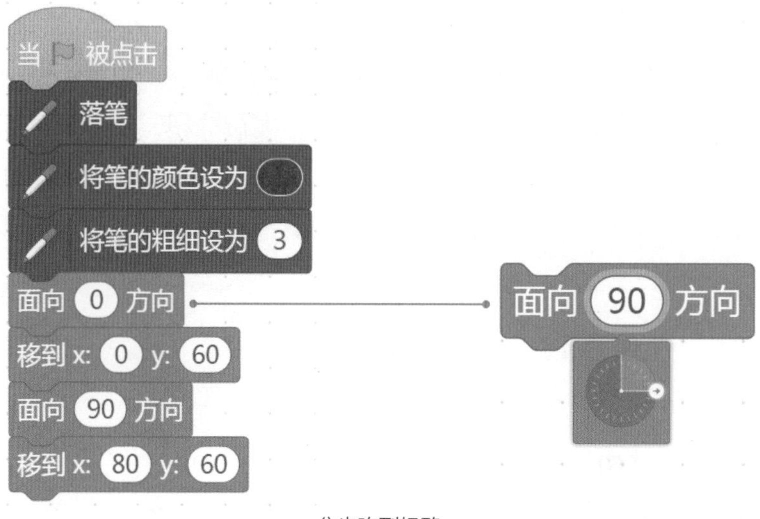

分步吃到奶酪

面向值决定了小老鼠的方向，这个方向就像我们站在表盘中，正上方是 0 度，正右方是 90 度，当旋转到 360 度的时候，其实就重新回到了 0 度。所以 0 度和 360 度是同一个方向，90 度和 −270 度是同一个方向，如下图所示。

0（360）

330（−30）

30（−330）

300（−60）

60（−300）

270（−90）

90（−270）

240（−120）

120（−240）

210（−150）

160（−210）

180（−180）

面向值

相对运动

继续游戏。现在的地图中取消了坐标数值，不过聪明的小老鼠发现，每个网格的距离刚好是 20 步，那么又该怎么办呢？我们来看看老鼠的做法（有个好办法来帮助你理解小老鼠的做法，那就是把自己想象成小老鼠，现在你正面向右方），如下图所示。

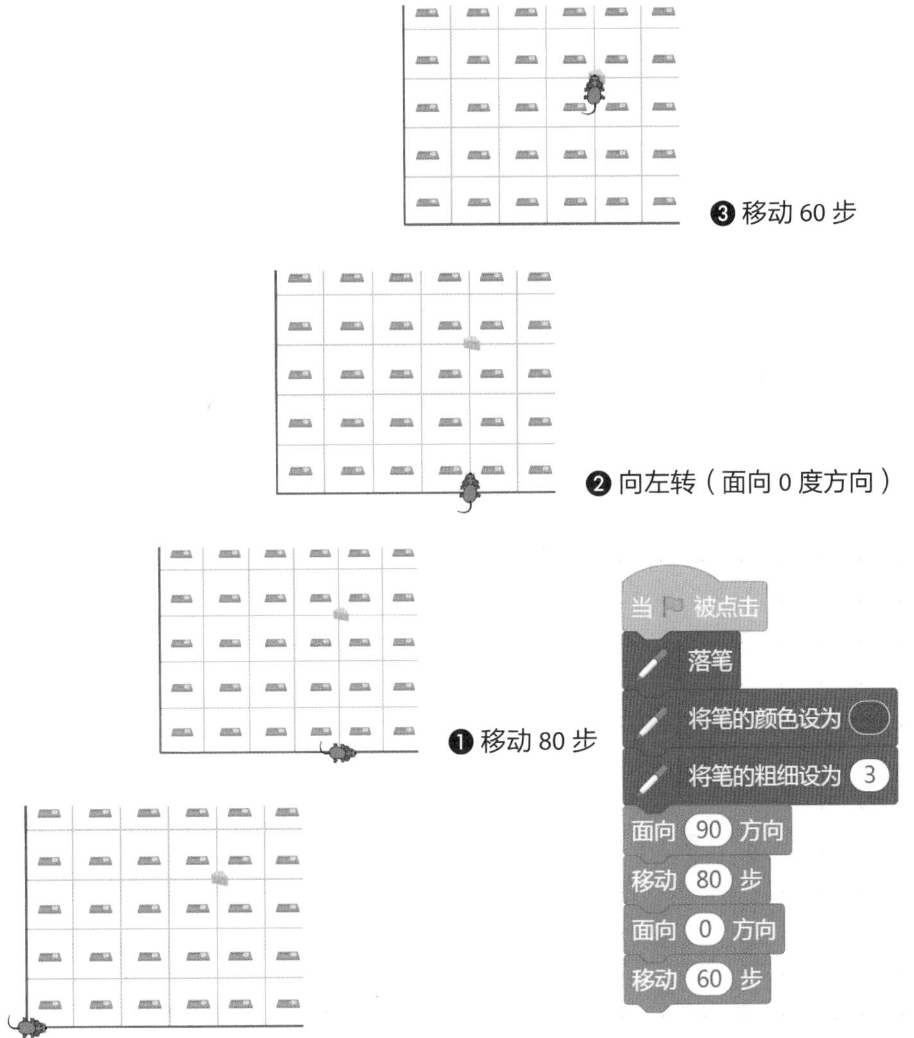

通过相对运动吃到奶酪

像这种相对于角色本身的移动和旋转动作，我们称为相对运动。

简单图形的绘制

理解了上面的内容后，通过绘制几组图形来强化之前学到的知识吧（配套视频 12）。请先练习绘制出如下图所示的正方形和正三角形，边长步数为 100。

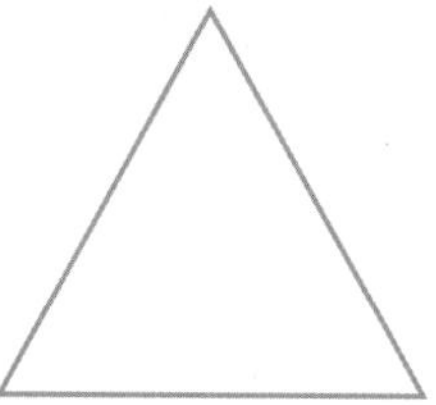

正方形与正三角形

正方形和正三角形的绘制程序如下图所示。

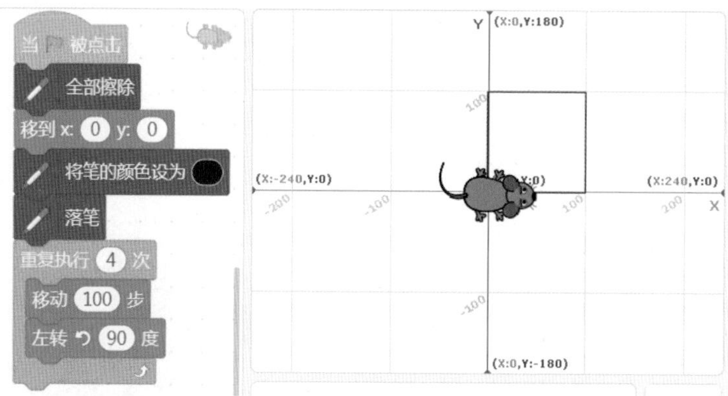

正方形的绘制程序

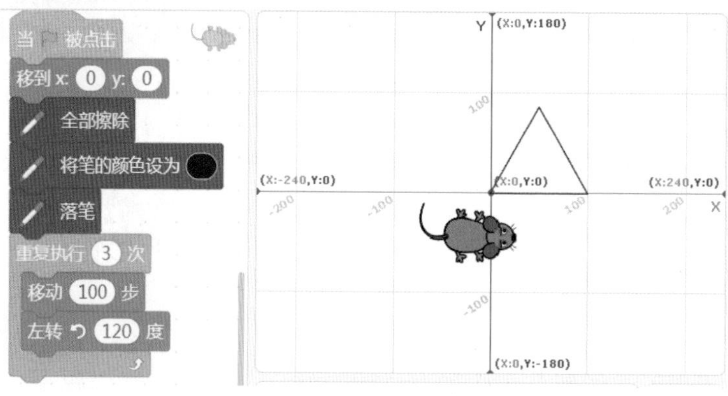

正三角形的绘制程序

在绘制完上面的正方形和正三角形后，我们再观察下面这组图形有什么特点，有没有快捷的方式来完成这些图形的绘制呢？

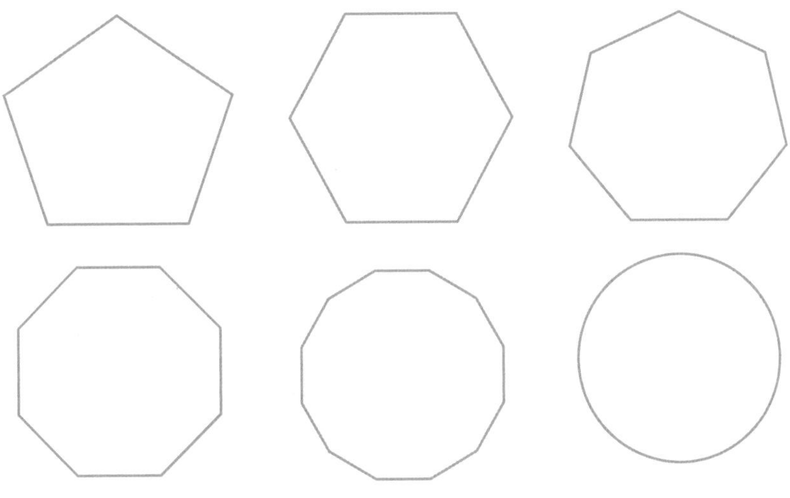

拓展图形

虽然这些图形边很多，但是它们都有一个共同的特点，那就是都是正多边形，即使最后一个接近圆形的图形，其实也是正多边形，只不过边数比较多而已。而正多边形有一个特点，就是无论有多少条边，外角和都是 360 度。所以可以通过编写如下程序来实现以上正多边形的绘制，如下图所示。

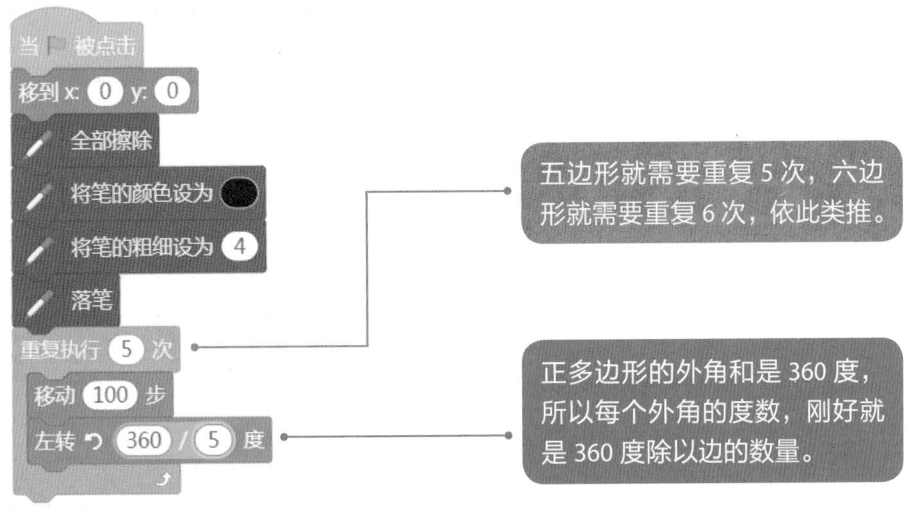

正多边形的绘制程序

练习时间

在 Mind+ 中，我们可以在运算符积木组中，找到各种运算积木，用它们来实现加减乘除功能，以及大小比较等功能（配套视频 13）。

6 - 2 —— 减法运算符，6 减 2 等于 4

6 * 2 —— 乘法运算符，6 乘以 2 等于 12

6 / 2 —— 除法运算符，6 除以 2 等于 3

---

2 > 5 —— 比较运算符，2 大于 5，结果为假

false

2 < 5 —— 比较运算符，2 小于 5，结果为真

true

5 = 5 —— 比较运算符，5 等于 5，结果为真

true

在艺术创作中，有序地重复，往往能产生意想不到的美感，既可以是形状的重复，也可以是色彩的重复。让我们先来看看这些艺术家的摄影作品，品味一下其中有序重复的美吧。

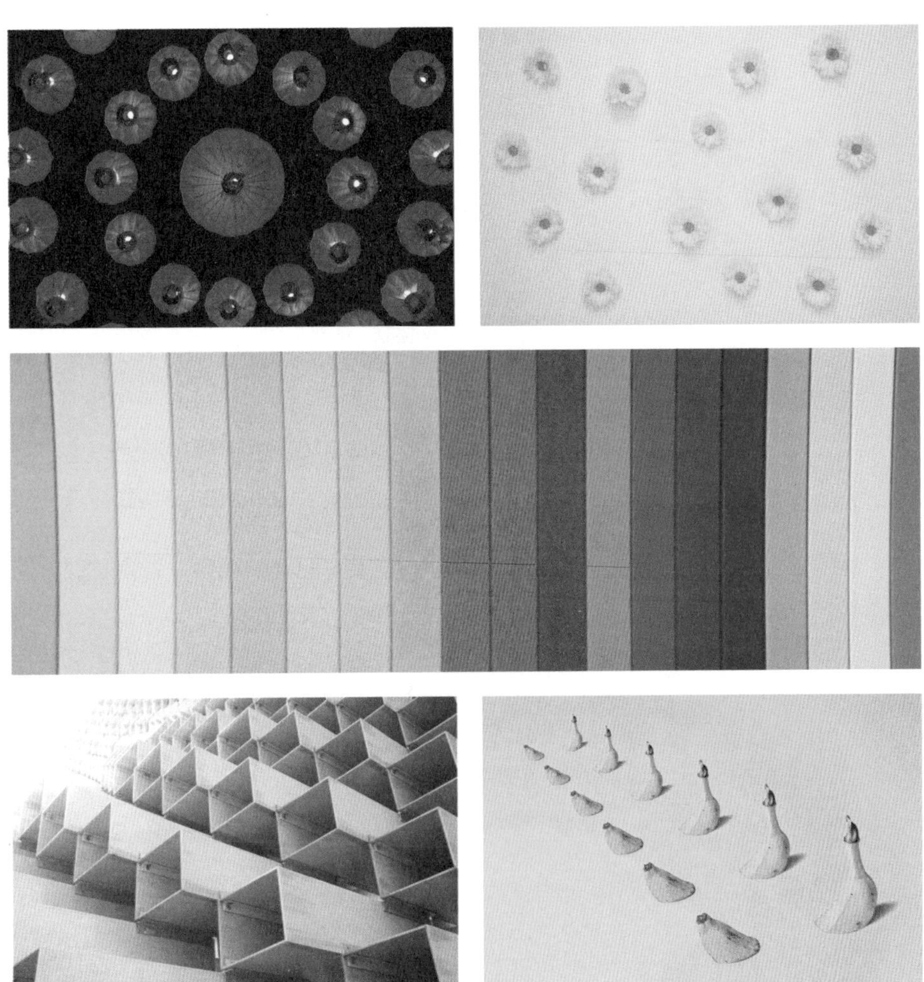

下面这个图形，就是采用上面的方法绘制出来的。请思考后再往下阅读，这个图形是如何绘制出来的呢？

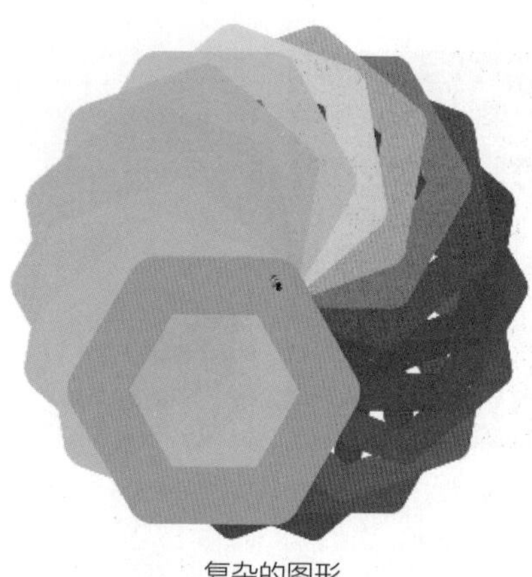

复杂的图形

上面的图形表面上看起来非常复杂，但是如果我们仔细观察，就会发现，这只是一个正多边形通过旋转形成的图形，绘制程序如下图所示。

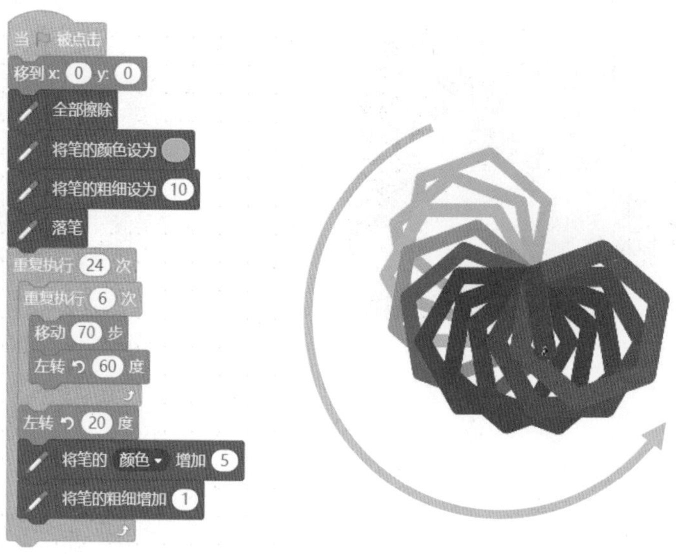

图形的有序重复

除了可以使用画笔的线条来绘画以外，我们还可以使用画笔中的图章工具来进行艺术创作（配套视频 14）。顾名思义，图章工具就是把一个图片先做成图章，然后用图章在纸上盖印。我们先从角色库里挑选小鱼图像作为图章图案，将中心点设置为小鱼的嘴角，然后围绕中心点有序地旋转，一幅新的艺术作品就产生了。

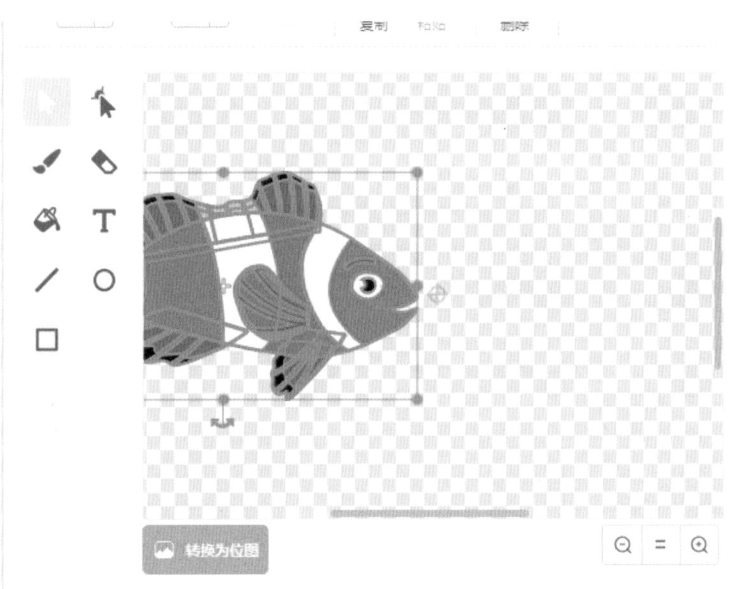

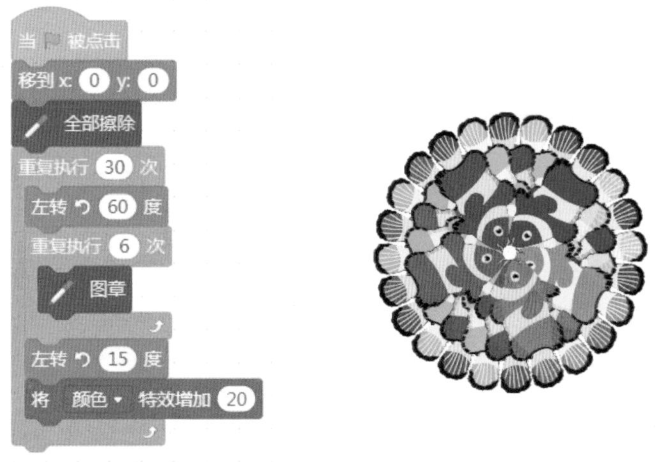

用图章绘制图案

练习时间

在图像的处理中，我们经常会调整图像的色彩、亮度、透明度，增加各种特效，如鱼眼、漩涡等。在 Mind+ 的积木中，也有这样专门用来处理图像的积木，请观察它有哪些效果。

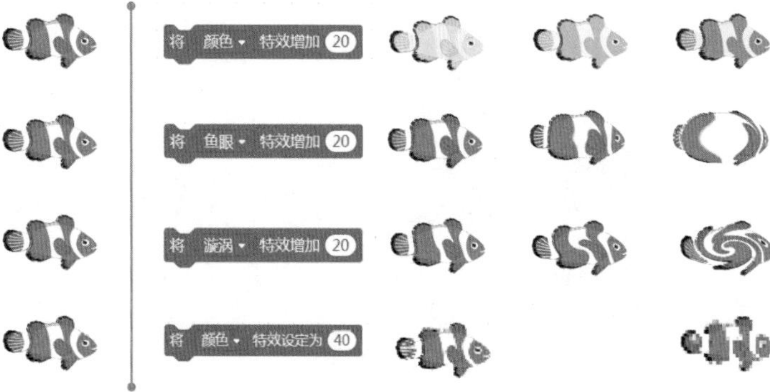

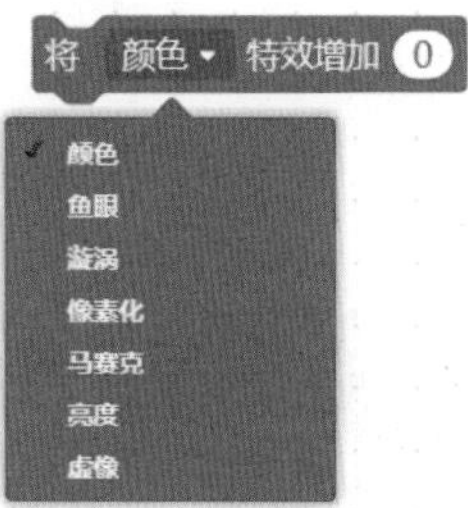

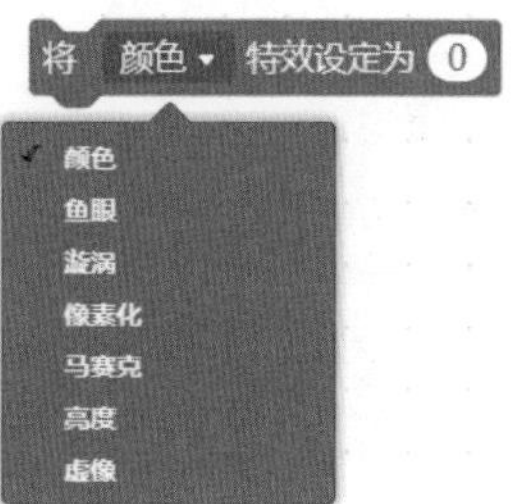

请思考 将 颜色 特效设定为 0 与 将 颜色 特效增加 0 的功能有什么不同。

自定义模块

如下图所示，下面这段程序很长，你能一眼看出这个程序最终运行的结果吗？

```
当 被点击
全部擦除
移到 x: 0 y: 0
面向 90 方向
将笔的颜色设为
将笔的粗细设为 2
落笔
重复执行 4 次
    移动 100 步
    右转 ↻ 90 度
重复执行 3 次
    移动 100 步
    左转 ↺ 120 度
```

思考程序运行的结果

要一下子说出答案，是不是有些困难呢？通过观察和分析，发现原来这段程序首先是设置好画笔，然后用画笔绘制一个正方形，再绘制一个三角形，如右图所示。

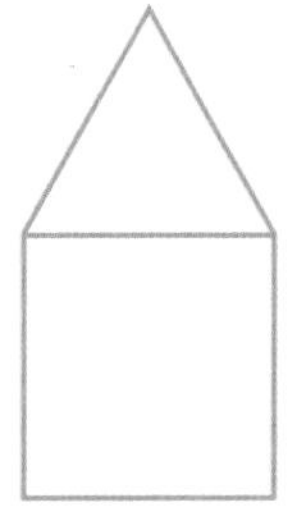

绘制的图像

现在让我们再来看另一段程序（如下图所示）。这一次，相信你只需要看一遍，就能明白这段程序要做的事情了吧。

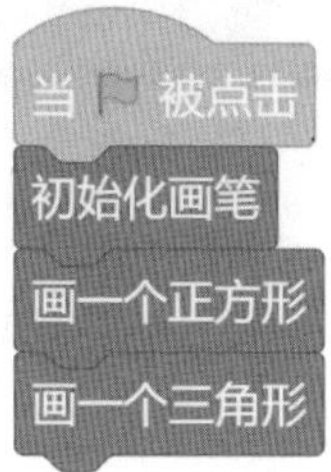

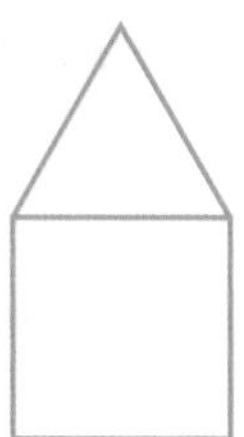

其实这两段程序实现的功能完全一致，但是明显第二段程序更加简洁易懂。

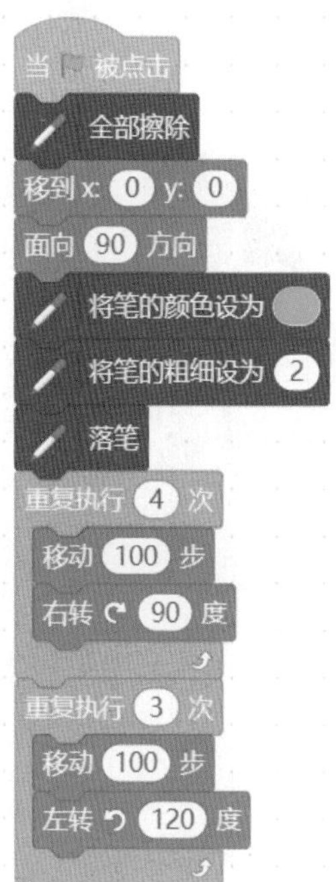

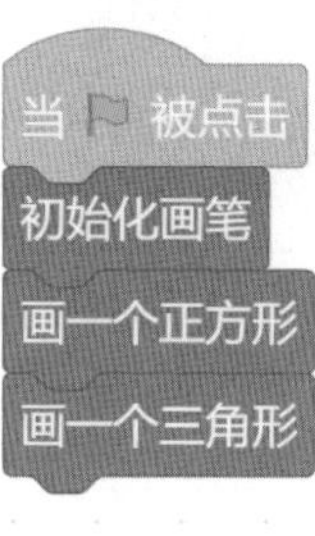

两段程序功能完全一样

第二段程序是怎么做到的呢？把实现某一具体功能的系列积木打包（拼装）到一块自定义积木中（配套视频 15），叫作自定义模块（也称为自定义函数、自制模块、自制积木）。

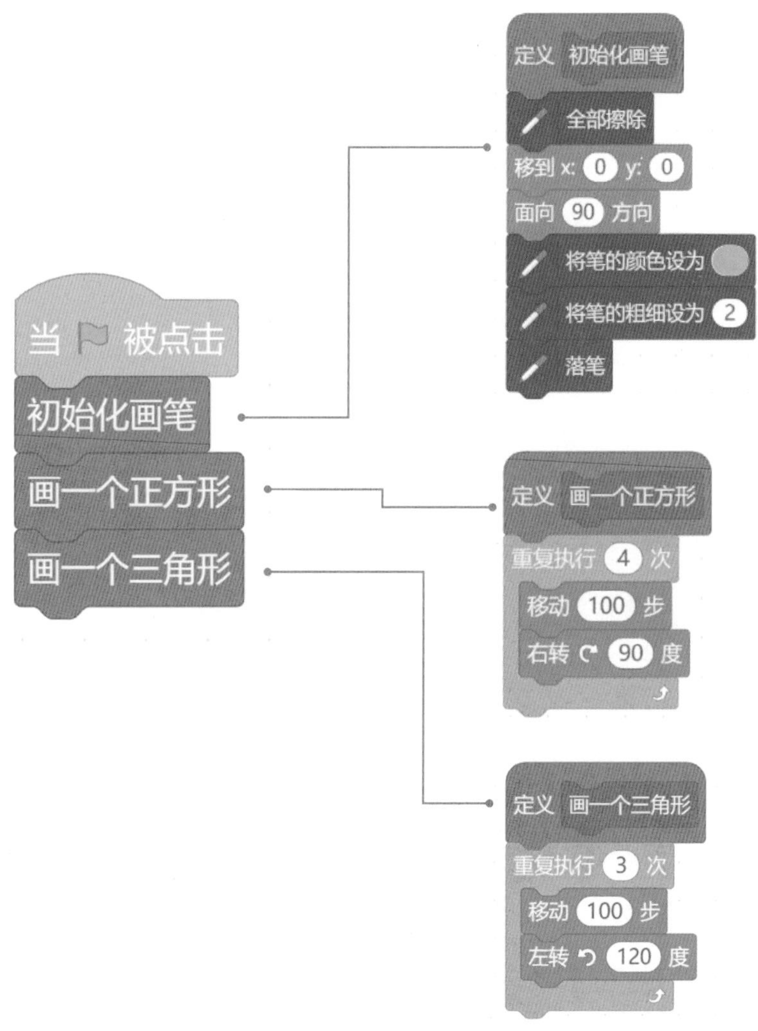

自定义模块（自定义函数）

小知识

假设在 Mind+ 中，刚好有制作蛋炒饭的四块步骤积木，现在可以准备一块大积木（可以把它想象成一个大盒子），然后把四块小积木装在里面，制作成可以制作蛋炒饭的自定义模块。如我们需要制作 100 份蛋炒饭，该怎么做呢？只需要把蛋炒饭的自定义模块重复执行 100 次就可以了。

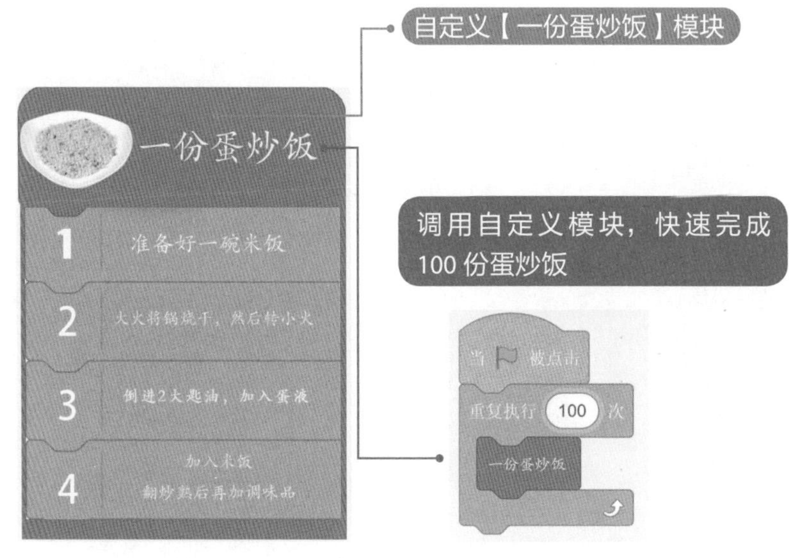

由此可见，使用自定义模块，能有效地减少我们的工作量，同时也让程序流程更加清晰。

创建自定义模块

那么，我们怎样创建自定义模块呢？这里我们以绘制正方形的过程为例，进入函数模块，单击【自定义模块】，在弹出的【添加一个自定义模块】对话框中输入自定义模块的名称，取名【绘制正方形】，如下图所示。

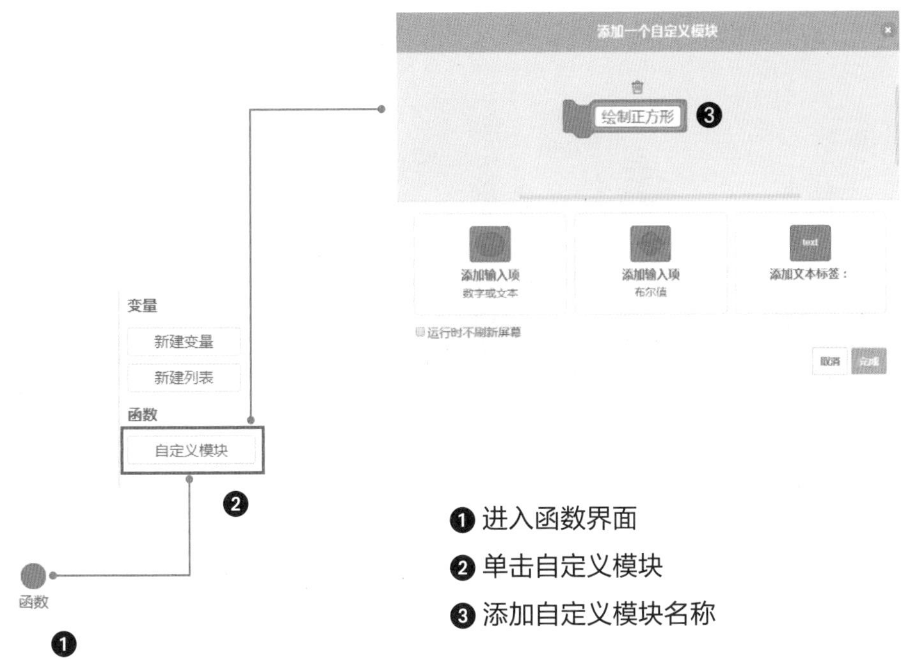

自定义模块的创建

单击【完成】按钮后，自定义模块区出现【绘制正方形】自定义模块，同时脚本区出现了【定义绘制正方形】的积木，如下图所示。

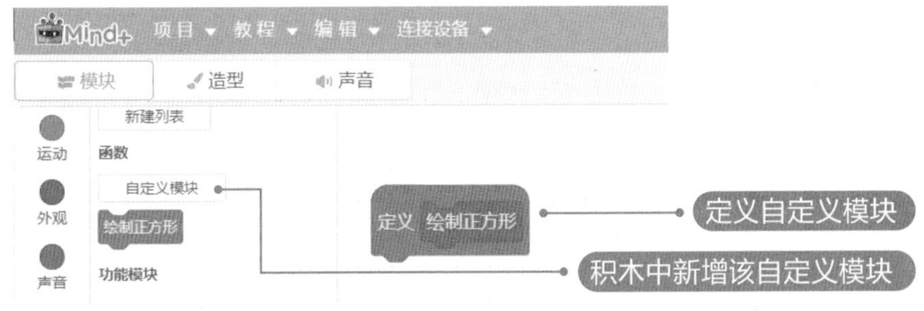

脚本区新增了自定义模块

怎样定义自定义模块呢?

就是把实现自定义模块功能的基础积木搭建在定义积木下面。在此基础上，增加让画笔跟随鼠标运动的程序，就能够实现在画布上的任意位置点击，就可以瞬间绘制出一个正方形了。

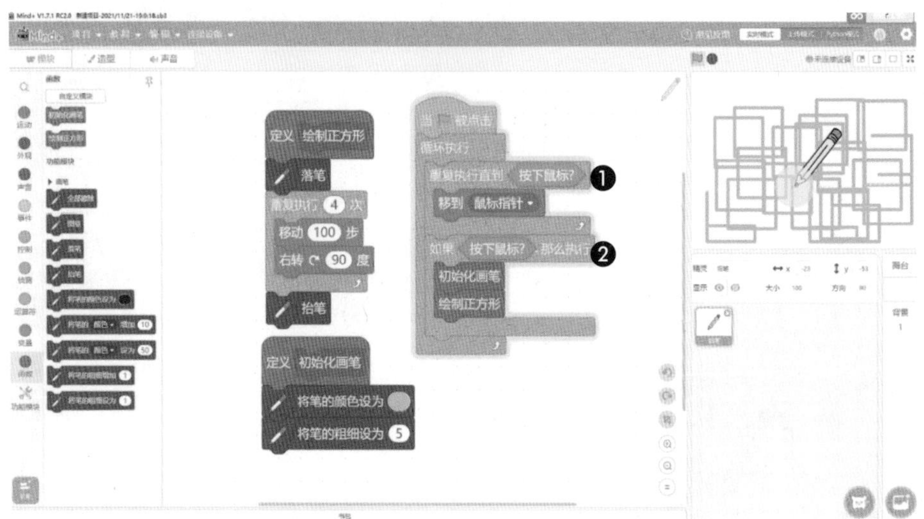

❶ 让画笔循环跟随鼠标运动

❷ 检测到鼠标点击时，绘制出正方形

创建有参数的自定义模块（配套视频 16）

刚才自定义的【绘制正方形】模块虽然简化了重复操作，但是仍然有许多不足。假如要绘制的边长不是 100，而是 70、200、300 等各种边长的正方形呢？这个自定义模块就满足不了要求了。我们当然可以分别建立绘制各种尺寸大小的正方形的自定义模块，但是由于尺寸具有不确定性，这样做的结果不但不能减轻我们的工作负担，还会让我们的工作量变得更加庞大，后期如果要调整，也容易出错。

有没有办法让我们在使用自定义模块绘制正方形时，直接输入需要的边长，程序就能按照我们要求的边长来绘制呢?

创建带有一个参数的自定义模块

创建带有参数的自定义模块，能够很好地满足我们的需要。要实现上面的功能，我们需要重新制作一个带有参数的自定义模块（或者在原来的自定义模块上

单击鼠标右键，选择编辑命令，对自定义模块进行编辑）。在对话框中勾选【添加输入项】，将参数的提示修改为长度，表示这里可以输入长度。

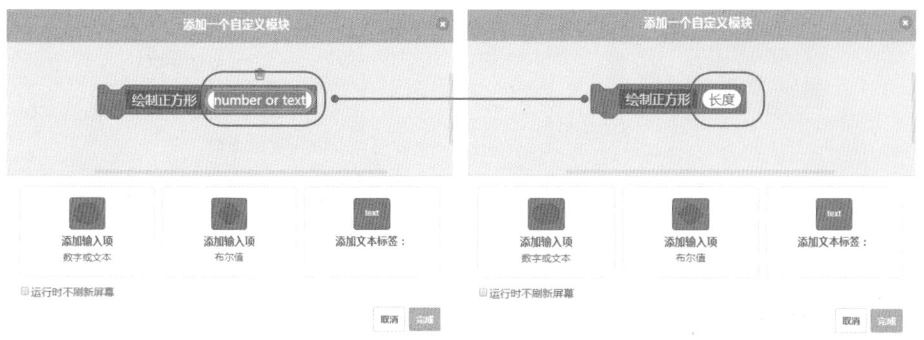

创建带有参数的自定义模块

单击【完成】按钮后，我们就创建好了带有参数的自定义模块。原来的边长 100 是一个固定值，但是现在变成了一个不确定的数值，积木中多出了一块圆角矩形积木（参数积木）来代替原来确定的数值。将参数 长度 拖动到原来的固定数值 100 处，实现参数的传递。

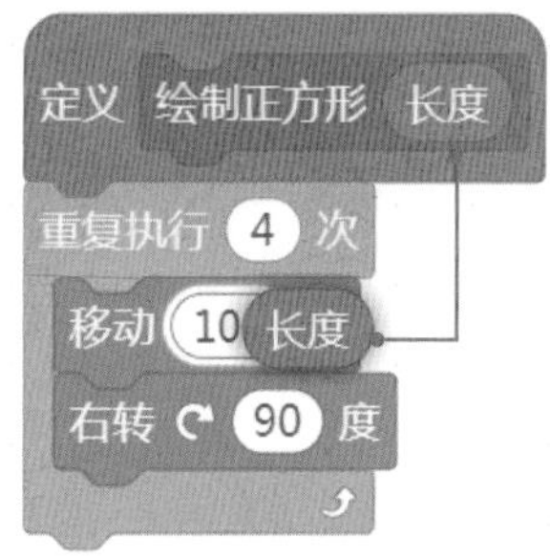

参数积木

有了参数，我们在调用该自定义模块时，只需要在参数积木中填入长度值，就能实现参数传递，从而绘制出符合各种边长要求的正方形了。

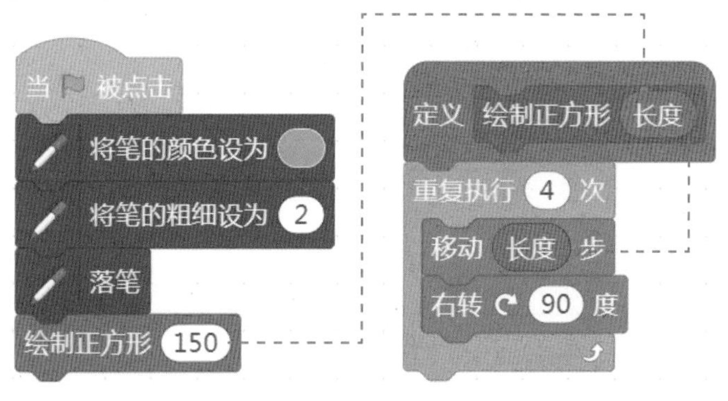

参数传递

通常，我们把真正的参数称为实际参数（简称实参），把只是起占位作用的参数称为形式参数（简称形参），如下图所示。

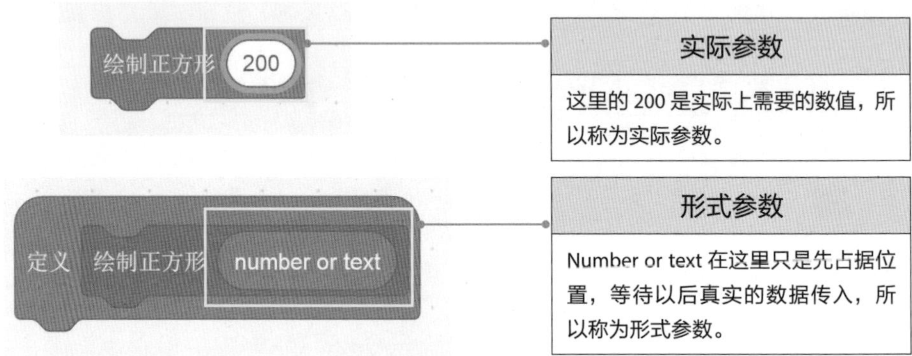

实际参数与形式参数

有了形式参数后，就需要有匹配的实际参数。参数有很多类型，比如字符串型、数字型、布尔值型……它们分别是什么意思呢?

一般，角色说的文字是字符串型，画笔粗细、角色坐标是数字型。先简单了解一下吧，如下表所示。

常见的数据类型

数据类型			示例
字符串型		各种字母、文字、符号及组合	Jack、哆啦 A 梦、1239、jack3
数字型	整数	正整数、负整数和零的统称，是没有小数点的数字	−1、1、0、6548
	浮点数	带小数点的数字	3.1415926、1.0、−0.39
布尔值型		真或假	True、False

小知识

细心的读者一定会发现对话框中还有一个【运行时不刷新屏幕】的选项，它有什么作用呢？可以做一个实验，分别通过勾选和不勾选，运行一次绘制正方形的程序。这时，你就会发现，如果勾选了【运行时不刷新屏幕】，那么正方形的绘制速度会变得非常快，你几乎看不见绘制的过程。反之，如果没有勾选【运行时不刷新屏幕】，则可以看见图形绘制的动画过程。

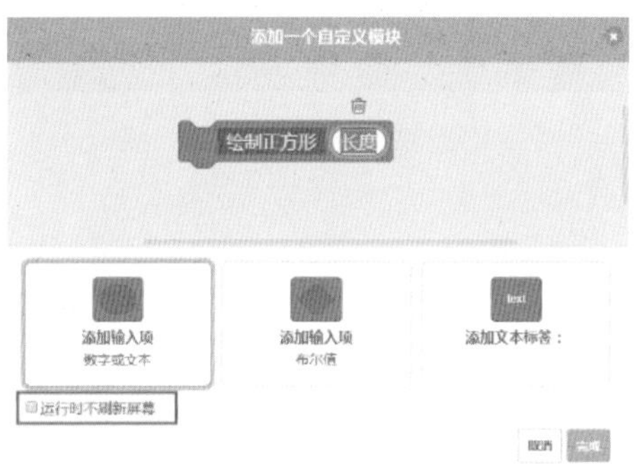

文本标签可以理解成对参数的解释文字，有了参数解释，就更加清楚这个参数需要填写哪种类型的数据了。

拥有了带参数绘制正方形的自定义模块，就像我们拥有了一条绘制正方形的生产线，只要我们输入我们需要的尺寸，生产线就能源源不断地输出我们想要的正方形，如图所示。

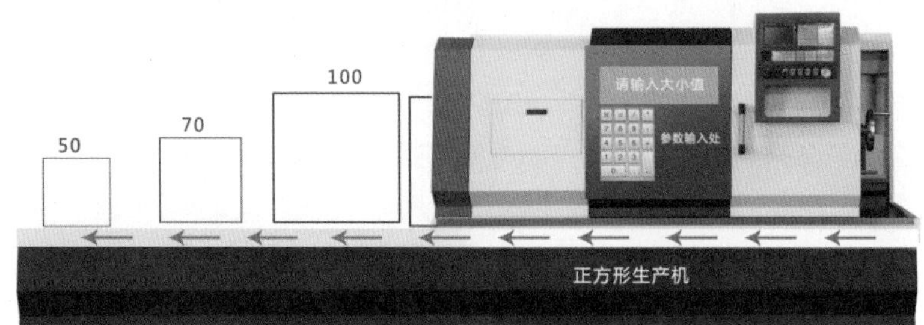

带参数绘制正方形的生产线

创建带有多个参数的自定义模块

自定义模块只能有一个参数吗？假如要绘制的不是标准的正方形，而是一个长方形呢？长方形的长度和宽度是两个不同的数值，别担心，我们可以通过添加多个参数来满足需求（配套视频 17）。

创建包括多个参数的【绘制长方形】的自定义模块，如下图所示，它包括两个参数。

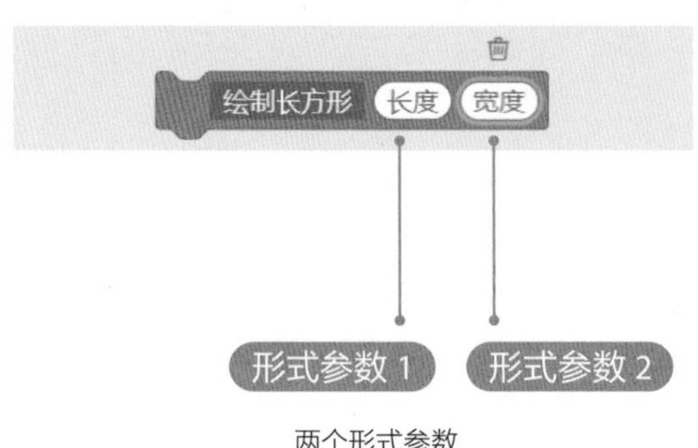

两个形式参数

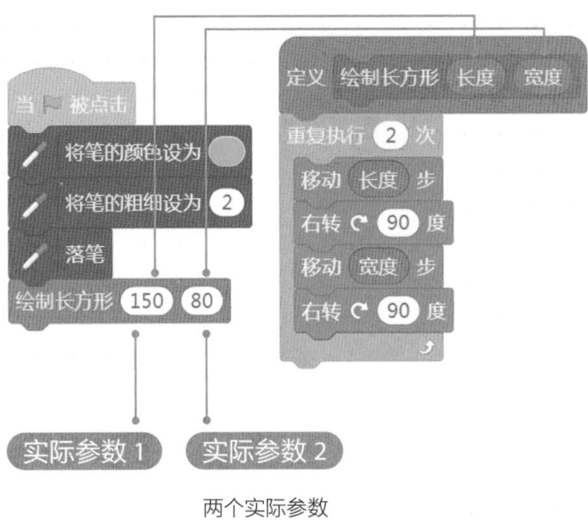

两个实际参数

在实际生活中，很多软件和程序都需要我们设置和调整参数，以使程序运行得更加稳定和贴近我们的需要。

参数设置界面

第三章 奇妙的算法

03

火星登陆的算法差异

在浩瀚的太阳系中，火星无疑是迄今为止最让人类充满好奇的一颗行星（配套视频 18）。一方面，因为它是离我们最近的行星之一，另一方面，它与地球有着诸多相似之处。有不少研究已经发现，火星上曾经存在着液态水，而水是生命的摇篮。那么火星上是否存在生命呢？火星是地球的过去还是未来呢？登陆火星，一直是人类的梦想，让人无限向往。

人类对火星的探测从未停止，自 1960 年苏联发射人类首颗火星探测器 Mars 1960A 起，火星探测可以分为三个阶段：第一阶段是 1960 年至 1975 年，美苏在冷战背景下开展火星竞争，掀起的第一个高峰期，一共实施了 23 次任务，其中 1976 年美国海盗 1 号、海盗 2 号两个探测器相继着陆，成为最早的火星着陆器。第二阶段是从 1976 年至 1992 年，随着美苏竞争战略重点转移，火星探测进入低潮期，仅实施了两次任务。第三阶段是 1992 年至今，迎来第二个高峰期。目前，多国的探测器再次到达火星，迎来新的火星探测高峰。

美国好奇号火星车拍摄的火星表面

2002 年，天文爱好者们从火星轨道探测器和 NASA 拍摄的五张照片中，疑似看到了火星金字塔，金字塔的宽度为 3 千米，高度为 1 千米，比埃及金字塔要大很多。爱好者们还对该建筑的形状进行了分析，称其外观结构非常完美。不过这一切都是猜测，并没有被证明。

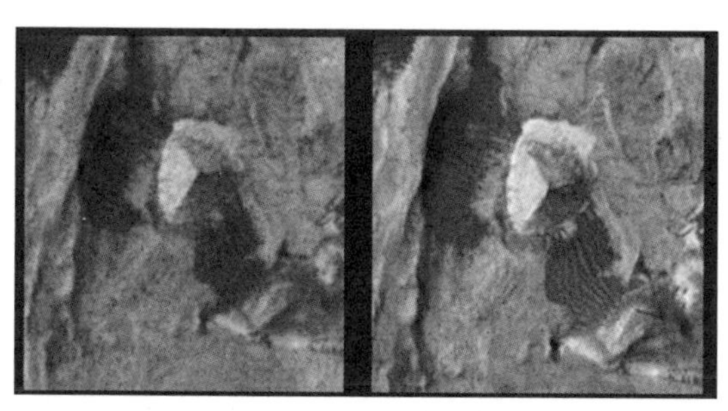

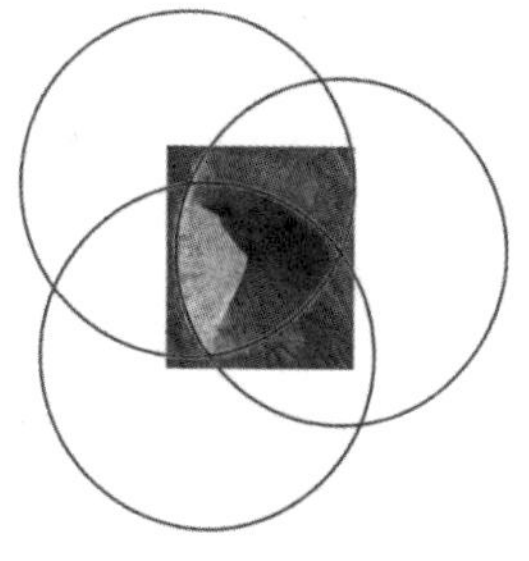

火星金字塔及天文爱好者们的分析

2020 年 7 月 23 日，我国长征五号火箭携带天问一号探测器点火升空，经过 8 个月的飞行，将天问一号探测器顺利送达火星附近。天问一号被火星“捕获”，进入火星环绕轨道。在实现环绕火星飞行后，天问一号探测器于 2021 年 5 月 15 日着陆火星，展开火星地表的探索发现之旅。天问一号是中国航天史的重要成就，无数中国人为之振奋。你知道吗？火星环境特殊，拥有非常稀薄的大气，大气成分与地球大气成分不同。而且探测器着陆火星，下降的全过程必须在 7 分钟左右完成，7 分钟内从时速两万千米降到零，这意味着其间发生任何情况只能依靠机器自主决策。这可谓是天问一号最凶险的旅程。天问一号下降控制必须由设计师提前写好并注入程序。什么时候“刹车”进入火星轨道，进入轨道的角度是多少，何时打开降落伞，何时切断降落伞……每个环节都步步惊心，需要精准计算、毫秒不差（配套视频 19）。

着陆巡视器在着陆最后阶段打开反推发动机减速（概念图）

Mind+ 中的小精灵“小曼”打算为天问一号着陆编写一个查找算法，帮助天问一号在登陆火星时计算着陆点。

假设在着陆中，飞船需要查找 100 个着陆数据，所以小曼建立了一个拥有 100 个数据元素的列表，用于模拟运算，如下图所示。

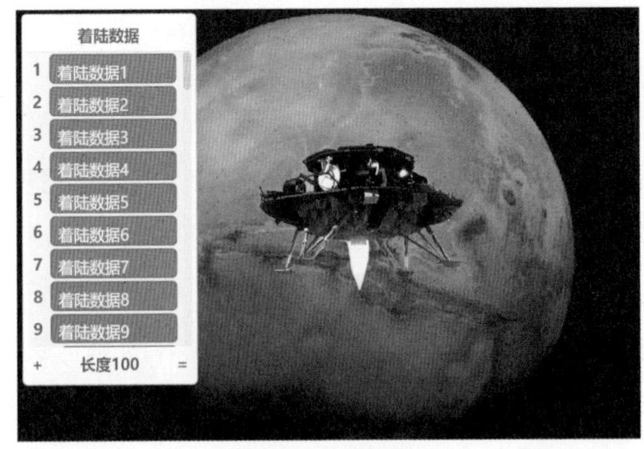

模拟 100 个着陆数据

接下来，小曼编写了一个查找算法，来实现着陆时的数据查询（配套视频 20），如下图所示。

小曼的查找算法

顺序查找算法会从头到尾，逐一对所有的着陆点数据进行查找和检查。因为有 100 个数据，所以需要重复查找 100 次。假设计算机检查一个数据（列表项）需要 1 毫秒，那么 100 个数据的检查也只需要 100 毫秒就完成了。现在看起来还不错。

温馨提示

上图中，我们用了一个自定义模块来表示顺序查找算法，顺序查找算法在后面的章节中会详细讲解。现在只需要知道顺序查找就像我们查字典时，采用从第一页开始，一页一页地翻阅，直到找到要查的那个字的方法就行了。

但问题是，假设本次着陆需要检查的数据有 1000000000 个（10 亿），那么用这种算法来查找需要多少时间呢？如果数据靠前还好，假如数据恰好在最后一位，那么就需要 10 亿毫秒。10 亿毫秒究竟是多久呢？让我们来计算一下。

重复执行 10 亿次

温馨提示

1 秒 =1000 毫秒

60 秒 =1 分钟

60 分钟 =1 小时

24 小时 =1 天

10000000000 ÷ 1000 ÷ 60 ÷ 60 ÷ 24 ≈ 115 天。

和你想象的一样吗？需要 115 天才能完成火星登陆数据的查找运算，要知道着陆火星的时间一共还不到 7 分钟，如果按照这样的速度，飞船将无法在短暂而宝贵的时间内降落。所以小曼更换了查找算法，采用了二分查找法，如下图所示。

二分查找法

这一次，不再从头逐一查找数据，而是从中间开始查找，如果要查找的数据比中间数大，那么我们就可以将比中间数小的一半数据全部舍去。反之，如果要查找的数据比中间数小，那么我们就可以将比中间数大的一半数据全部舍去，然后再从剩下的数中，反复使用这个方法来查找。使用二分查找法，任何一个 100 以内的有序数列数，都可以在 7 步之内找到。掌握了这个算法，如果下一次你和小朋友们玩猜数的游戏，但凡是 100 以内的数，你就完全可以在 7 步之内猜到，让其他小朋友羡慕不已。

上面我们说过：假设计算机检查一个元素（数据）需要 1 毫秒，用顺序查找法，查找 1000000000（10 亿）个元素，需要 115 天的时间，那么如果采用二分查找法又需要多少时间呢？

温馨提示

因为二分查找法每次都能排除一半的数据，所以一共只需要 33 次就完成在 10 亿数据中的查找任务，最多只需要 33 毫秒。

第 1 次 1000000000÷2=5000000000

第 2 次 5000000000÷2=2500000000

第 3 次 2500000000÷2=1250000000

第 4 次 1250000000÷2=625000000

第 5 次 625000000÷2=312500000

第 6 次 312500000÷2=156250000

第 7 次 156250000÷2=78125000

第 8 次 78125000÷2=39062500

第 9 次 39062500÷2=19531250

第 10 次 19531250÷2=9765625

第 11 次 9765625÷2=4882812

第 12 次 4882812÷2=2441406

第 13 次 2441406÷2=1220703

第 14 次 1220703÷2=610351

第 15 次 610351÷2=305175

第 16 次 305175÷2=152587

第 17 次 152587÷2=76293

第 18 次 76293÷2=38146

第 19 次 38146÷2=19073

第 20 次 19073÷2=9536

第 21 次 9536÷2=4768

第 22 次 4768÷2=2384

第 23 次 2384÷2=1192

第 24 次 1192÷2=596

第 25 次 596÷2=298

第 26 次 298÷2=149

第 27 次 149÷2=74

第 28 次 74÷2=37

第 29 次 37÷2=18

第 30 次 18÷2=9

第 31 次 9÷2=4

第 32 次 4÷2=2

第 33 次 1

啊！同样是查找元素，使用顺序查找法需要 115 天才能完成的事情，用二分查找法竟然 33 毫秒就完成了！看来，在生活中采用不同的算法结果可真是天壤之别呀！

小知识

“天问”，是中国首次火星探测任务的名称，也是浪漫主义诗人屈原写的一首长诗。这首诗讲的是屈原对于天地、自然和人世等一切事物现象的发问。“遂古之初，谁传道之？上下未形，何由考之？……”，面对未知的天地，屈原提出了自己的疑问，表达了对真理执着的追求。

从宇宙之本源，到阴阳之俱化；从天地之构造，到星辰之往亘；从天地之晦明，到人世之更迁；从九州之山川，到八方之湖海；从四时之送替，到万物之生死……屈原思索着太阳运行的轨道、月亮的周期、天体星辰的构造规律、白昼与黑夜的周期性变化、南北极、北斗七星，几乎天上人间，无所不纳。

数据列表的结构

查找是以数据为基础的，在 Mind+ 中有两个地方可以存放数据，一是存放在变量中，二是存放在列表中。它们有什么区别呢？（配套视频 21）

变量

先来看看变量。有数据要存放时，计算机首先会分配一个空间用来存放数据，就像我们在厨房里装调料时会准备调料盒一样。为了不至于在放白糖的时候，误把盐放进去，我们往往会在盒子上贴上标签，这样就不会出错了。

给盒子贴上标签

进入变量模块，单击【新建变量】按钮新建一个变量，在弹出的对话框中输入变量的标签（即变量名）。

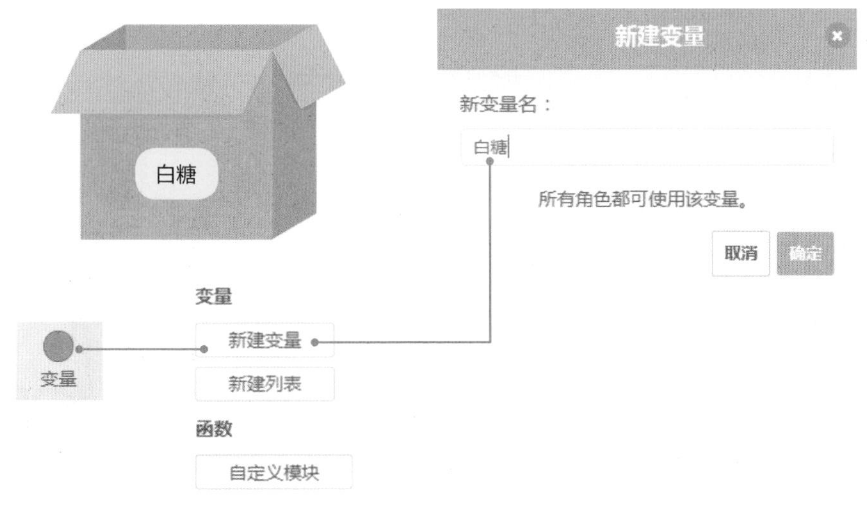

新建变量

接下来，我们就可以把不同数值的数据放进变量里了。

设置数据的数值

不过需要注意的是，每个变量在同一时间，只能存放一个数值。如果后来有新的数值放进去，那么变量会把以前的数值丢弃。真是一个喜新厌旧的家伙呀！

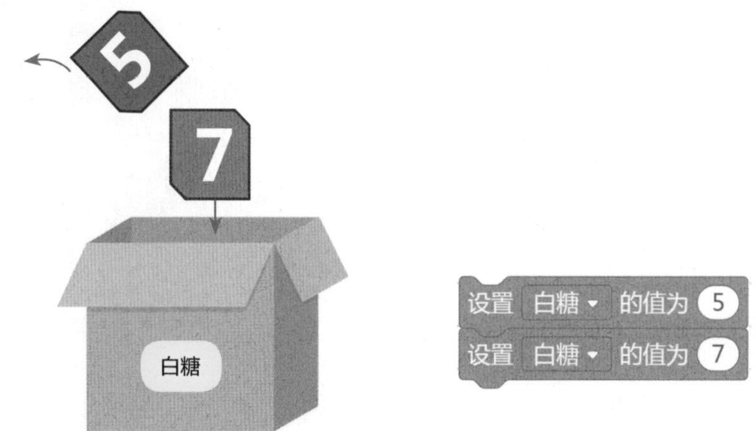

存储新数据就会丢弃旧数据

大家都读过小猴子掰玉米的故事吧：有一天，一只小猴子下山，它走到一块玉米地里，看见玉米又大又多，非常高兴，就掰了一个，扛着往前走。小猴子扛着玉米，走到一棵桃树下。它看见满树的桃子又大又红，非常高兴，就扔了玉米去摘桃子。小猴子捧着几个桃子，走到一片瓜地里。它看见满地的西瓜又大又圆，非常高兴，就扔了桃子去摘西瓜。看来小猴子的做法和变量很相似呀，一次只能存放一个数据，新数据进来，就会丢弃旧数据。

数据是有类型的。类型是指变量属于数字型、字符串型还是布尔值型。但是在 Mind+ 中，我们不需要指定数据的类型，Mind+ 会统一都设置为字符串型。这是为什么呢？第一，Mind+ 无法判断我们存放数据的真实意图；第二，存储为字符串型可以保证信息和我们存入时完全一致。第三，在使用变量的过程中，我们的动机和意图会展现出来，这个时候 Mind+ 再根据我们的意图正确地转换数据类型。

比如，你存储了两个变量分别为【88】和【12】，如果你在使用变量的时候使用了计算积木，那么 Mind+ 就会将变量作为数字型来使用。

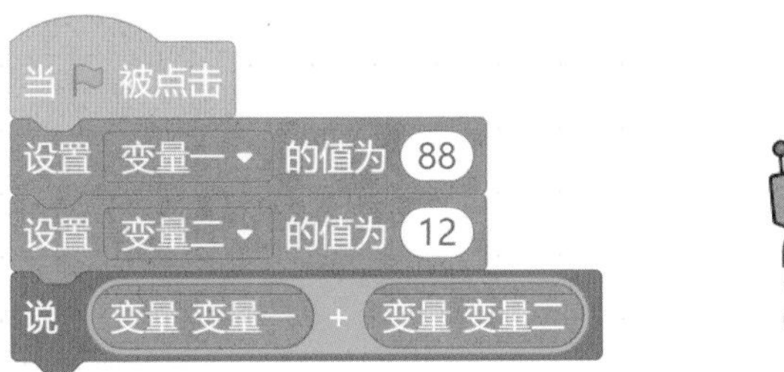

如果你将变量三设置为年龄，使用了字符串连接积木，那么 Mind+ 就自动将数字转换为字符串型。

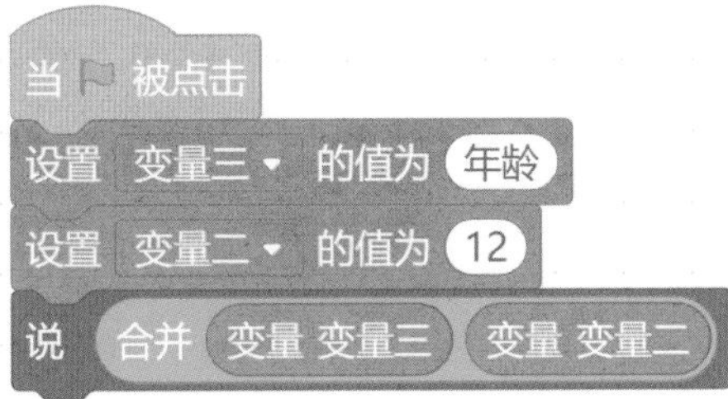

列表

列表就像多个变量的组合，我们可以在每个的变量盒子里分别装上不同的数据（配套视频 22）。为了区分不同的列表，也需要给列表取个名字。在 Mind+ 中，列表会给每个变量添加索引号，也就是列表项，这样就可以通过索引号来查找每个变量里存放的数值了。

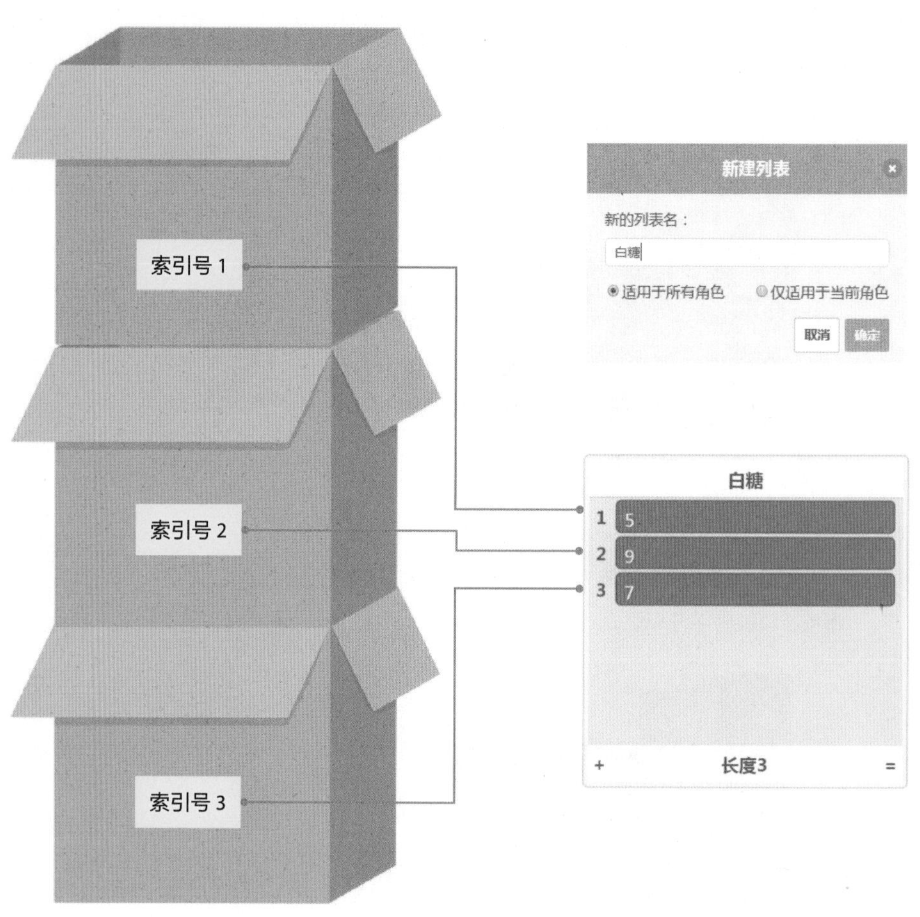

列表项

Mind+提供了一系列列表操作命令，这些命令能够帮助我们调取和修改列表数据。让我们先制作一份简单的姓名列表，熟悉一下列表的基础操作方法吧。首先，新建一个【姓名】列表，并通过点击加号按钮填入列表值，如下图所示。

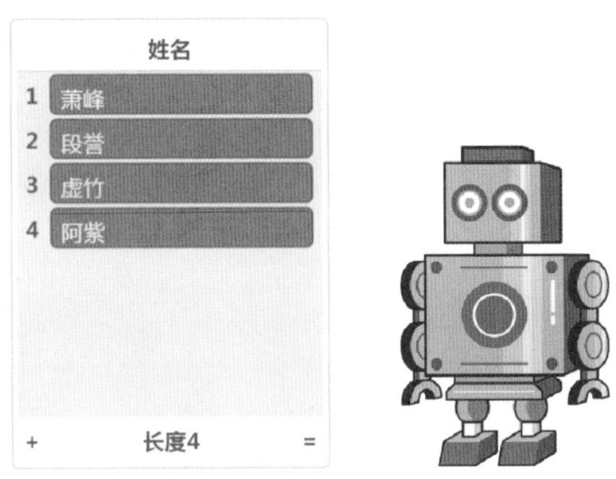

新建一个【姓名】列表

添加删除列表项

添加积木：使用列表添加积木，将“王语嫣”加入到列表项中。

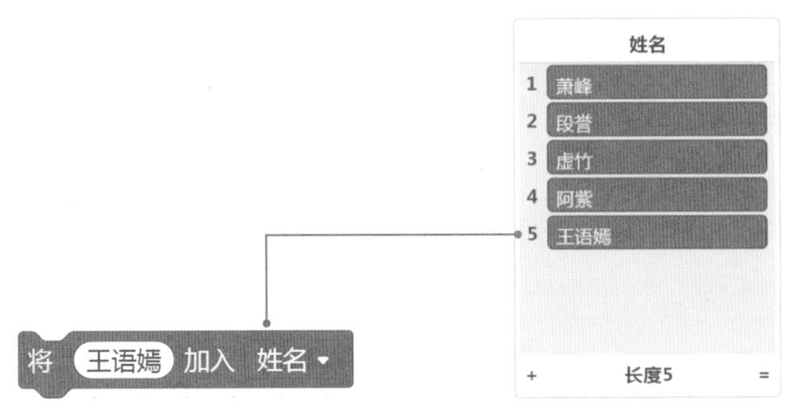

添加列表项

列表项删除积木包括两种：单项删除积木和全部删除积木。其中，单项删除积木可以将指定列表项删除，而全部删除积木会把所有列表项都删除。

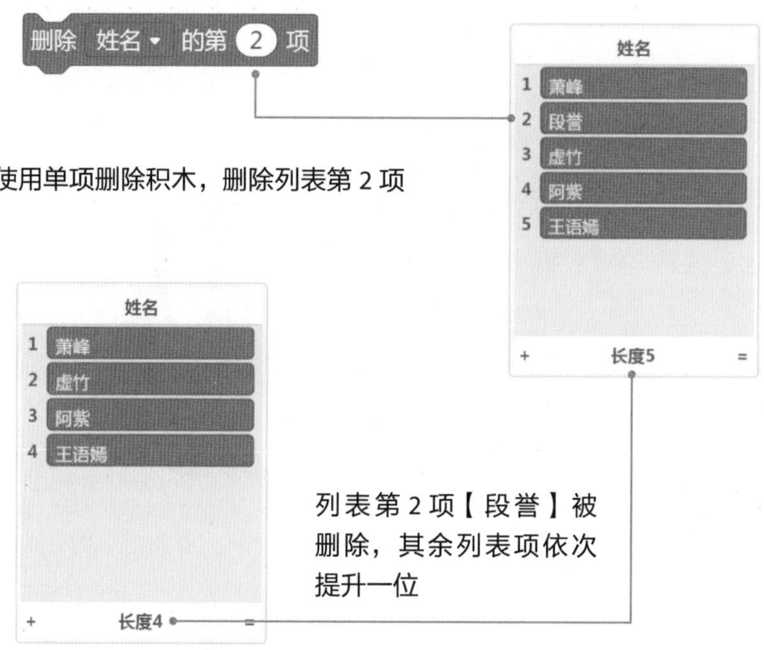

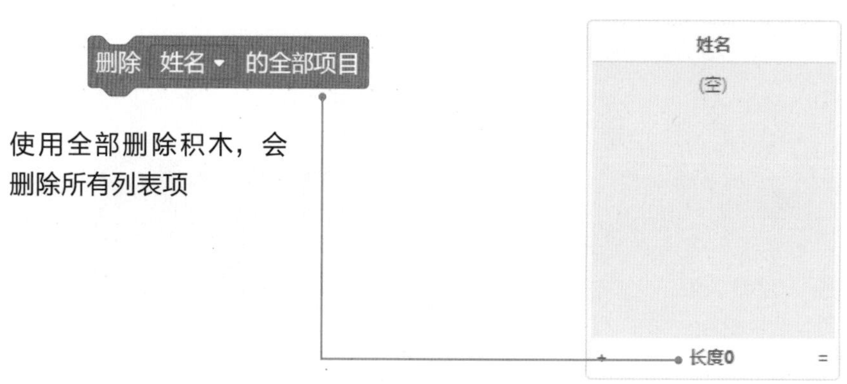

删除列表项

插入和替换列表项

我们也可以重新将列表项添加进来（配套视频 23）。使用列表插入和替换积木，能够在列表的指定索引处添加或者替换列表项。

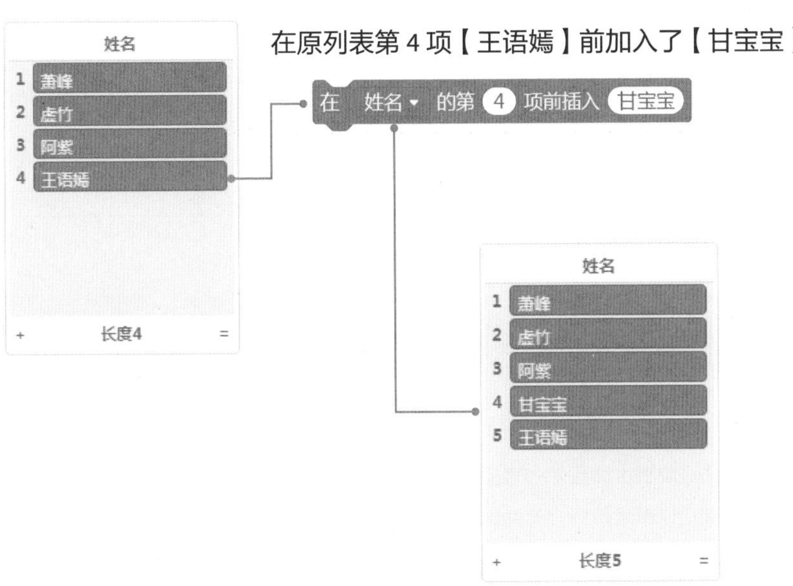

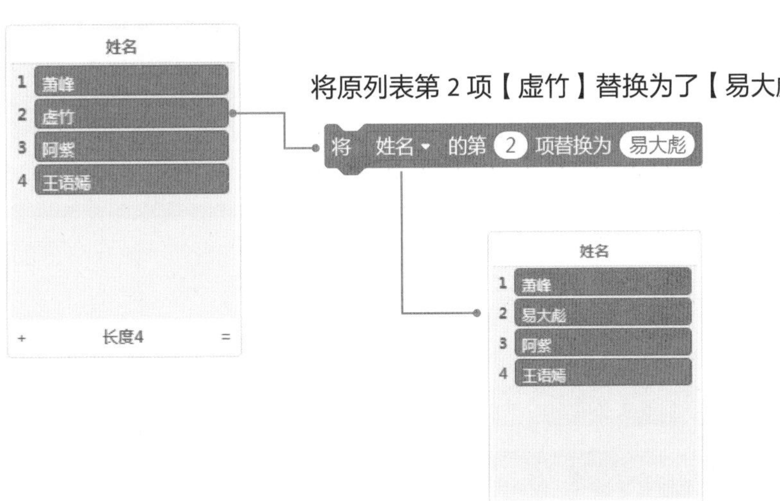

插入和替换列表项

列表编号及判断

使用列表编号及判断积木，可以快速获得列表项的数量，获取指定列表项的值，判断积木还能对列表值进行判断。

姓名▾ 的项目数	列表项目数查询，如当前姓名列表共有 4 项，所以长度为 4
姓名▾ 的第 2 项	列表索引号值的查询，如列表第 2 项的值是易大彪
姓名▾ 中第一个 易大彪 的编号	列表中数据的索引编号查询，如第一个【易大彪】的编号是 2
姓名▾ 包含 王语嫣 ？	列表中包含值的查询，因为列表中包含王语嫣，所以列表值为真

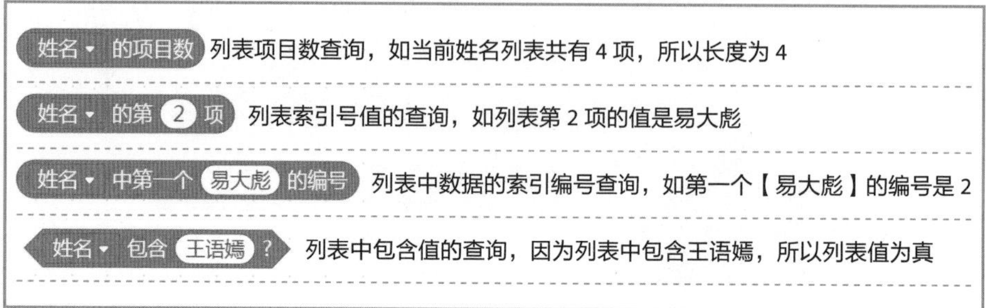

列表编号及判断积木

思考时间

Mind+ 中，如果要查询的项超出了列表的有效项，会产生怎样的结果呢？

第一块积木调用了列表的第一项，值为梦琪。

第二块积木运行会怎样呢？

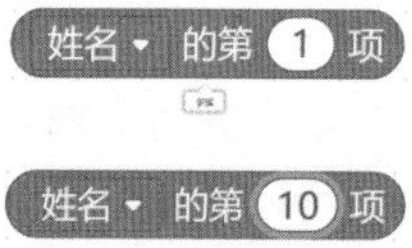

姓名▾ 的第 1 项
姓名▾ 的第 10 项

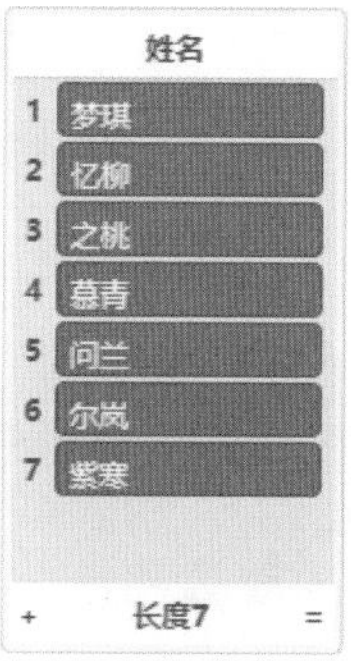

姓名
1 梦琪
2 忆柳
3 之桃
4 慕青
5 问兰
6 尔岚
7 紫寒
+ 长度7 =

写出你的猜想，并验证：

删除 姓名▾ 的第 -4 项
删除 电话▾ 的第 9 项

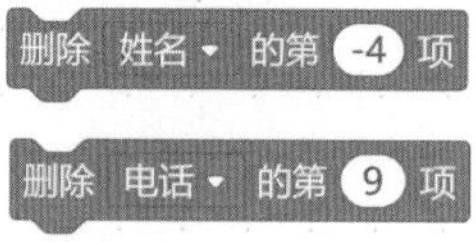

如果删除的列表项为负数，或者超出了列表范围，又会怎样呢？

写出你的猜想，并验证：

顺序查找法

还记得火星登陆故事中，小曼编写的第一种算法吗？顺序查找法是我们经常使用的查找方法，在面对数据量不是很大的时候，速度还是很快的，而且非常稳定。另外，当我们要查找的列表数据不是有序的时候，也需要使用到顺序查找法。下面就让我们来一起学习顺序查找法吧。

单一列表的顺序查找

在火星登陆的故事中，小曼通过单一列表模拟了 100 个着陆数据，假设现在要查找其中的第 58 个着陆数据，该怎么来编写查找算法呢？程序如下图所示（配套视频 24、25）。

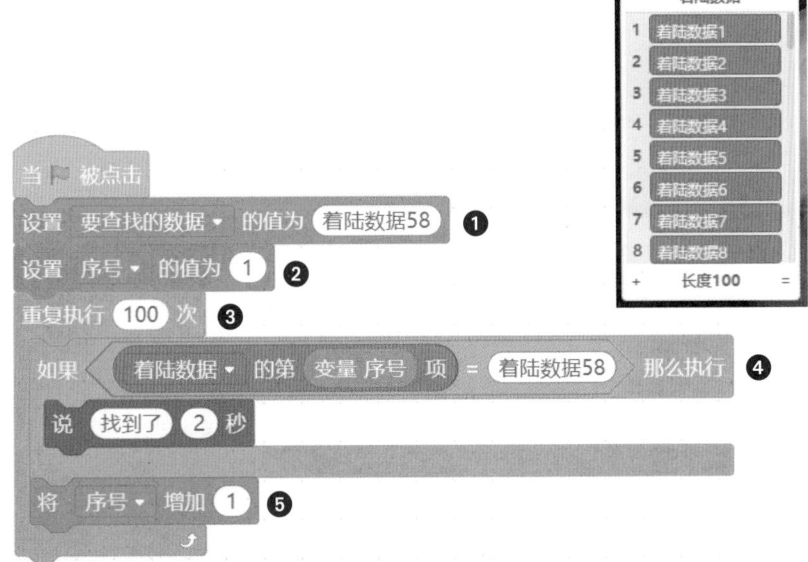

❶ 新建变量【要查找的数据】，并将其变量值设置为需要查找的数据，如：着陆数据 58。❷ 新建变量【序号】，将变量值设定为 1，这是因为之后我们将从 1 号列表项逐一开始进行查找。❸ 因为列表有 100 项，所以重复检查的次数是 100 次。❹ 如果列表中当前项的数据和需要查询的数据一致，那么就提示找到了。❺ 如果列表中当前项的数据和需要查询的数据不同，那么就继续查找。

思考时间

思考一

在上面的查找中，我们在程序中预设了一个固定的变量值，那么能不能让计算机主动询问我们需要查找的数据，然后再根据我们的回答，进行查找呢？

思考二

在上面的程序中，如果列表的长度发生了变化，那么就需要手动修改重复执行的次数，有什么好办法让程序自动匹配列表的长度呢？

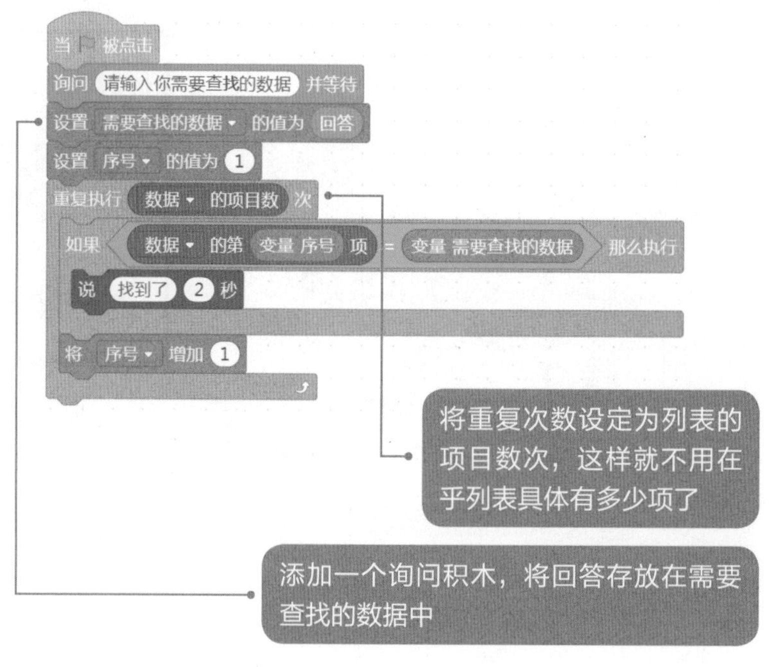

多级列表的顺序查找

小曼在魔法学院学习一段时间后，认识了不少朋友。这一天，小曼想要制作一个学员查询系统，这样以后只需要输入姓名，小曼就能随时查询到好友的相应信息了。

学员查询系统

刚才我们学习了单一列表的顺序查找，但是在学员查询系统中，每个人除了有姓名外，还有性别、魔法能力、电话等信息。这些数据信息又该如何存储呢？有一种办法是使用多级列表，每个列表存储一种属性（配套视频 26）。说干就干，小曼运用多级列表建立了魔法学院的好友通讯录。姓名列表存储的是姓名信息，性别列表存储的是性别信息，魔法能力列表存储的是魔法能力数据，电话列表存储的是电话号码数据……每个列表项对应着一位魔法学员，如列表的 31 项，对应的姓名是元霜，女生，魔法能力值 771，电话号码是 12380183145。

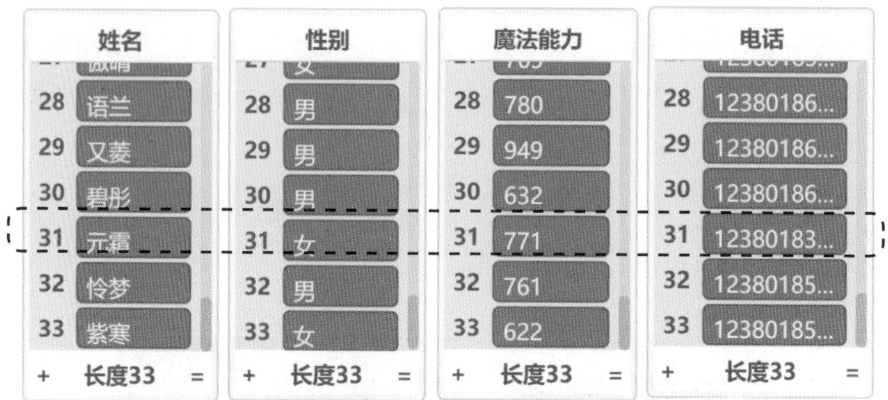

多级列表

小曼想要实现的第一个功能是，输入好友的姓名，就能看见好友的各项信息，该怎么做呢？让我们来分析一下。

首先，系统会要求“请输入需要查找的姓名”，然后等待我们输入。

输入查找姓名

当我们把姓名输入以后，系统对姓名列表的每一项逐一进行比对，如果两者一致，那么就把该索引号对应的其他列表的值输出。如果对姓名列表所有项进行比对后都没有匹配的，就提示没有查询到。完整程序如下图所示。

```
当 🏳 被点击
设置 索引号 的值为 1                                    ❶
设置 是否查询到 的值为 0                                ❷
设置 符合要求的序号 的值为 0                            ❸
询问 请输入需要查找的姓名 并等待                        ❹
重复执行 姓名 的项目数 次
    如果 回答 = 姓名 的第 变量 索引号 项 那么执行
        设置 是否查询到 的值为 1
        设置 符合要求的序号 的值为 变量 索引号
    将 索引号 增加 1
如果 变量 是否查询到 = 1 那么执行
    说 合并 姓名 的第 变量 符合要求的序号 项 合并 的电话是: 电话 的第 变量 符合要求的序号 项
否则
    说 没有查询到相关信息
```

查询程序

现在，我们来仔细分析一下程序，当程序运行后，我们建立了【索引号】和【是否查询到】以及【符合要求的序号】三个变量，❶将【索引号】设置为 1，这样方便从姓名列表第一项开始检查。❷因为当前还没有查询到，所以我们将【是否查询到】设置为 0。❸因为当前也没有符合要求的序号，所以该【符合要求的序号】变量值也设置为 0。❹系统会询问需要查找的姓名，并等待我们的回答。

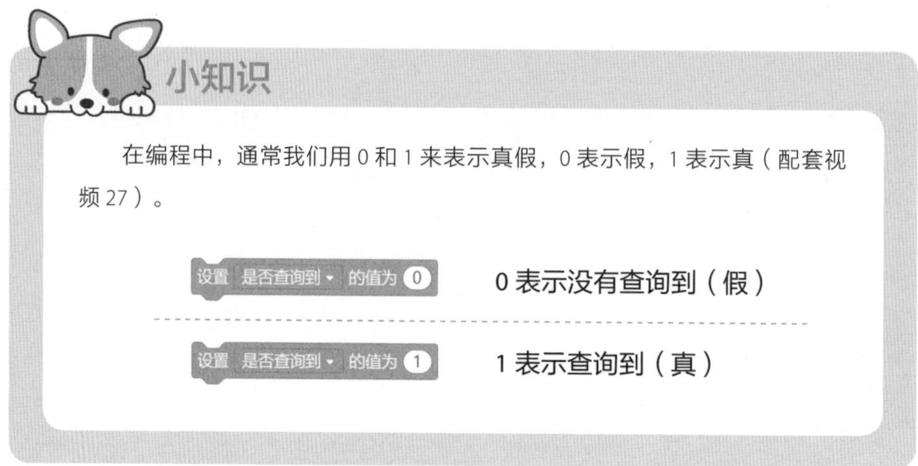

小知识

在编程中，通常我们用 0 和 1 来表示真假，0 表示假，1 表示真（配套视频 27）。

设置 是否查询到 的值为 0　　0 表示没有查询到（假）

设置 是否查询到 的值为 1　　1 表示查询到（真）

接下来指定查询的次数，我们的列表项是 33 项，所以这里就会执行 33 次。那么直接输入 33 次可不可以呢？当然可以，不过假如以后列表项增加或者删除了，我们就又得重新修改重复的次数，又麻烦还容易出错。所以这里我们使用了重复执行 姓名 的项目数，这样无论列表的长度是多少，程序都会一丝不苟地重复执行（❶）。程序执行什么操作呢？把需要查询的姓名与列表的每一项姓名逐一比较（❷），如果相同，那么就将【是否查询到】设置为 1（❸），并将此刻的序号保存到【符合要求的序号】变量中（❹）。

```
重复执行 (姓名 的项目数) 次                          ❶
    如果 <(回答) = (姓名 的第 (变量 索引号) 项)> 那么执行    ❷
        设置 是否查询到 的值为 1                      ❸
        设置 符合要求的序号 的值为 (变量 索引号)          ❹
    将 索引号 增加 1
```

设置查询变量

让我们来观察一下这个过程，假设要查询的数据是“之桃”

从列表索引号 1 开始查询，列表的第一项是“梦琪”，不匹配，将索引号增加 1。

重复执行 姓名 的项目数 次
将 索引号 增加 1
如果 回答 = 姓名 的第 变量 索引号 项 那么执行
设置 是否查询到 的值为 1
设置 符合要求的序号 的值为 变量 索引号

姓名
1 梦琪
2 忆柳
3 之桃
4 慕青
5 问兰
6 尔岚
+ 长度33 =

从列表索引号 2 开始查询，列表的第二项是“忆柳”，不匹配，将索引号增加 1。

重复执行 姓名 的项目数 次
将 索引号 增加 1
如果 回答 = 姓名 的第 变量 索引号 项 那么执行
设置 是否查询到 的值为 1
设置 符合要求的序号 的值为 变量 索引号

从列表索引号 3 开始查询，列表的第三项是“之桃”，符合要求，此时将是否查询到设置为 1，并且将当前索引号 3 添加到【符合要求的序号】变量中。

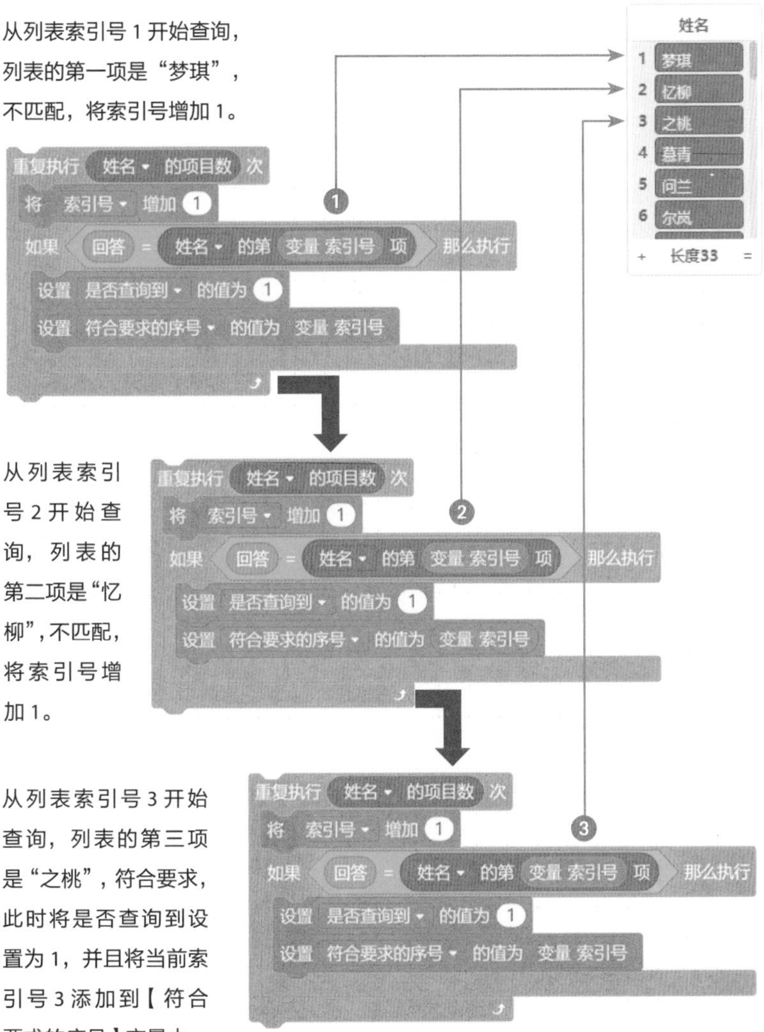

重复执行 姓名 的项目数 次
将 索引号 增加 1
如果 回答 = 姓名 的第 变量 索引号 项 那么执行
设置 是否查询到 的值为 1
设置 符合要求的序号 的值为 变量 索引号

经过对列表项的逐一比较，如果查询到了，就将所有列表的该索引号的值通过机器人播放出来。如果没有查询到，则提示说没有查询到相关信息。

播放查询结果

小知识

合并积木的多层嵌套，可以将多个值合并在一起。

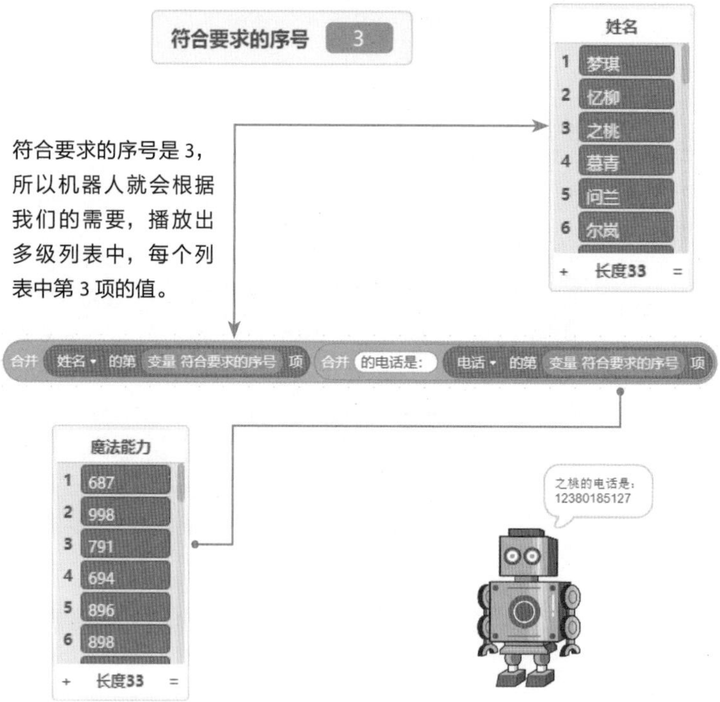

符合要求的序号是 3，所以机器人就会根据我们的需要，播放出多级列表中，每个列表中第 3 项的值。

思考时间

如果我们要查找的是魔法值呢？请注意，魔法值和姓名不同，姓名在魔法学院具有唯一性，但是魔法值却可能有学员相同，那么查询结果会出现什么问题？又该如何解决呢？

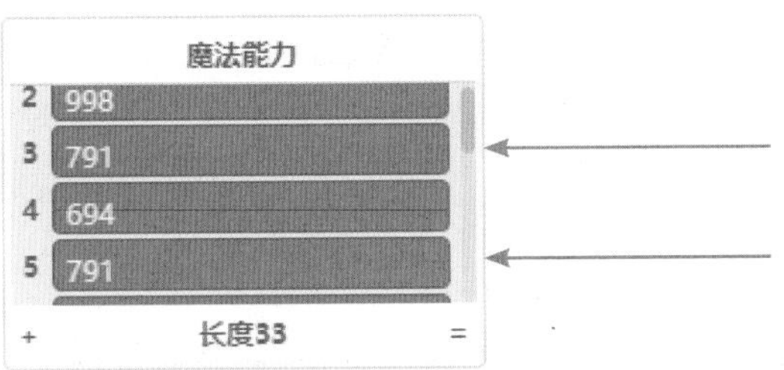

写出你的想法，并编写程序验证你的想法：

复合式列表的顺序查找

特工信息查询系统

随着一阵急促的铃声响起，安全部打通了你的电话，需要你参加一个重要的秘密行动，并且要求你和一名叫陆乘风的特工取得联系，你打开电脑，进入了特工查询系统，打算在资料库中查找该特工的相关信息（配套视频 28）。

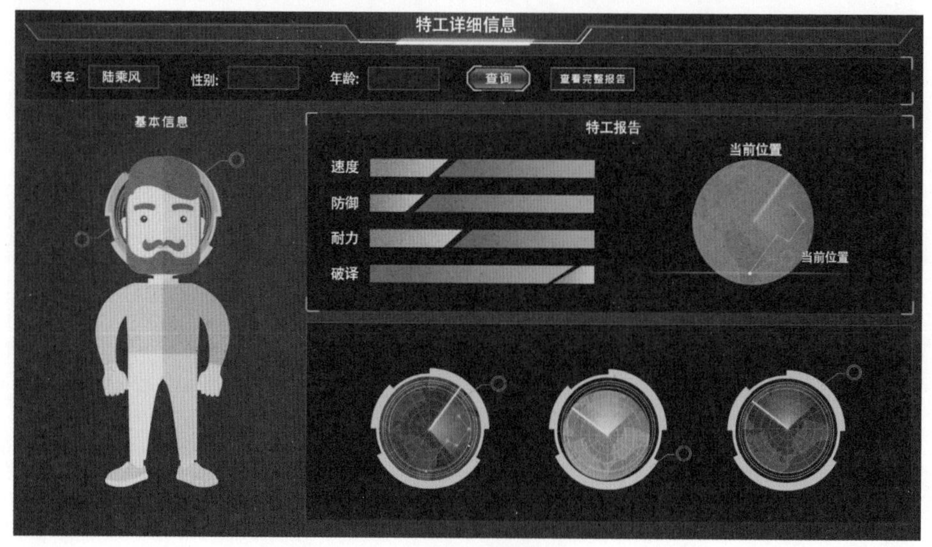

查询系统界面

哎，这次的特工资料库列表怎么和前面的不一样呢？之前用多个列表来记录不同的属性值，但这次只有一个列表。仔细观察就会发现，现在的列表将多种数据合并在一起，一个列表中包括了多个信息（姓名、性别、年龄、特长）。

复合式列表

像这样的列表，我们称为复合式列表。多级列表和复合式列表各有优势，多级列表的优点是看起来非常直观，缺点是每个列表的索引序号必须精确对应，假设我们删除了姓名中的第 3 项，那么就必须同时将所有列表的第三项进行修改，否则就会出现数据混乱。而复合式列表的优点是可以方便地修改列表属性和属性值，缺点是看起来没有多级列表直观。

小知识

什么是对象呢？就是我们操作要使用的东西，比如苹果。什么是属性和属性值呢？以苹果为例，苹果有颜色、气味、重量、形状等，我们把这些称为苹果这个对象的属性。而属性值就是对属性的具体描述，比如颜色是红色，气味是苹果香味，重量是 3 两（150 克），形状是圆形……本例中，姓名是属性，马兰兰是属性值，年龄是属性，36 是属性值……

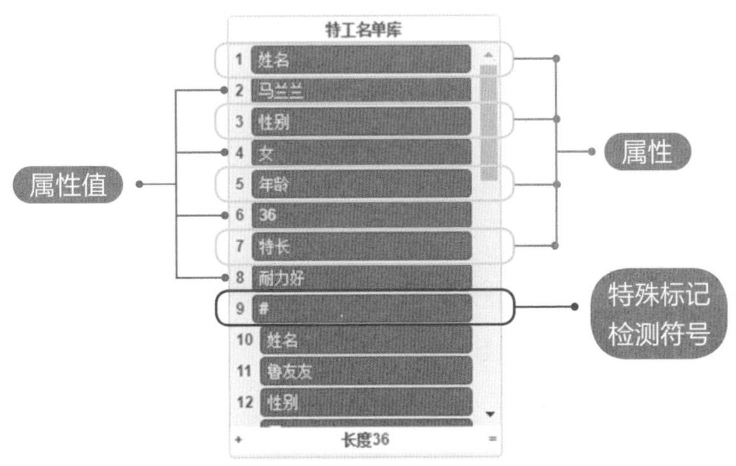

此复合式列表通过列表中的特殊标记符号来区分每个特工（对象），特殊符号可以自己随意定义，本例中使用的是 # 号，但是注意不能和属性及属性值相同。

对于复合式列表，又该怎么来查询呢？首先要解决的问题是：如何搜索复合式列表中对象的列表首项；其次需要解决的问题是：如何提取出属于同一对象的其他属性值。为了让后续的查询程序清晰明了，我们分别增加【特工信息查找】与【特工信息播报】两个自定义模块，如下图所示（配套视频 29）。

```
定义 特工信息查找 姓名
设置 查找结果 的值为 0
设置 序号 的值为 1
设置 标志检测 的值为 1
重复执行 特工信息库 的项目数 次
  如果 <(特工信息库 的第 变量 序号 项) = 姓名> 与 <(特工信息库 的第 (变量 序号 + 1) 项) = 姓名> 那么执行
    设置 查找结果 的值为 变量 标志检测
    停止 这个脚本
  如果 <(特工信息库 的第 变量 序号 项) = #> 那么执行
    设置 标志检测 的值为 (变量 序号 + 1)
  将 序号 增加 1

定义 特工信息播报
如果 <变量 查找结果 = 0> 那么执行
  说 (合并 没有找到 (合并 回答 的信息!)) 2 秒
否则
  重复执行直到 <(特工信息库 的第 变量 查找结果 项) = #>
    说 (合并 (特工信息库 的第 变量 查找结果 项) (特工信息库 的第 (变量 查找结果 + 1) 项)) 2 秒
    将 查找结果 增加 2
```

信息查找程序和信息播报程序

先来看【特工信息查找】的自定义模块，在建立时添加了【姓名】参数，方便之后可以多次使用。添加三个变量，分别为【查找结果】、【序号】和【标志检测】。❶ 变量【查找结果】用来存储是否查找到信息，初始值为 0。❷ 设置变量【序号】的初始值为 1，方便从列表的第一项开始查找。❸ 设置【标志检测】的初始值为 1。

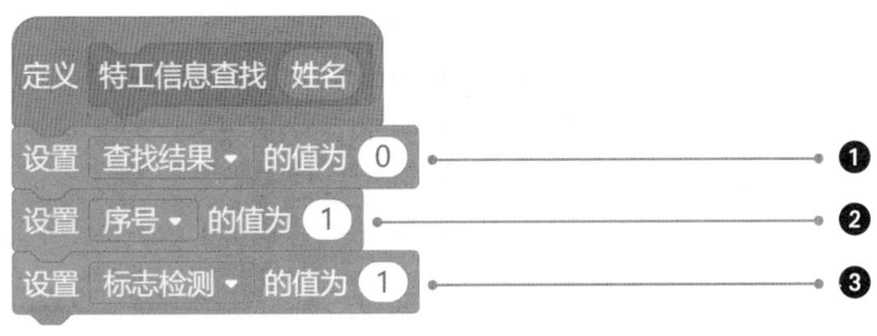

初始化变量

初始化准备工作完成后，就可以编写查找的程序了。如何锁定查找对象的列表首项呢？仔细观察列表后发现，在列表中，每个特工（对象）的首项都是姓名，假设要查找的姓名是“鲁友友”，那么只要同时满足以下两个条件，就能锁定“鲁友友”的列表首项：条件一，当前项的属性值是“姓名”两个字；条件二，当前项的下一项与需要查询的姓名值一致。当两个条件都满足的时候，就意味着我们已经查找到了该对象的首项，这时就可以将【序号】值赋给【查找结果】，如果当前项是特殊符号“#”，那么就将【序号】项加 1，跳过特殊符号项。如果不符合以上情况，就将【序号】项加 1 进入下一项开始检测。

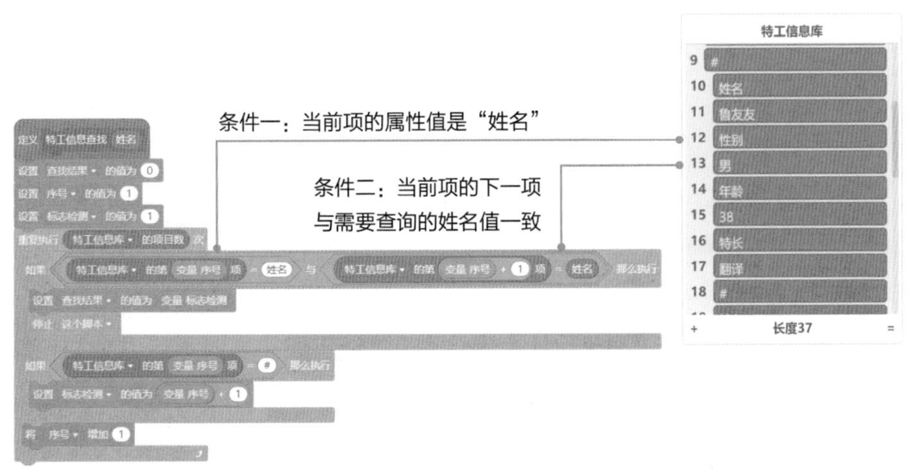

查找对象的列表首项

再来看【特工信息播报】自定义模块，播报的内容会从该特工的姓名开始，逐一按照属性和属性值的顺序进行播报，直到发现检测标志物结束本次查询结果的播报。程序如下图所示。

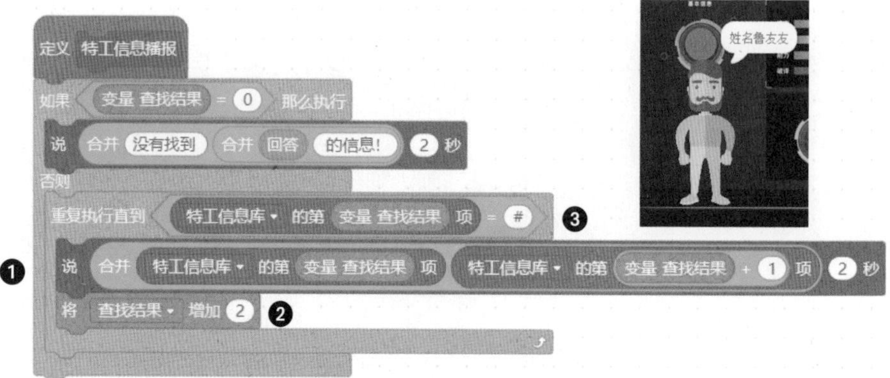

❶ 播报信息的格式是先播报属性，再播报属性值。

❷ 因为每次播报的列表项是两项，所以每次播报后将序号增加 2。

❸ 自动播报，直到发现标记符号时结束。

思考时间

至此，你有没有发现复合式列表的优势呢？那就是在复合式列表中，即使中间属性调整了顺序也没有关系。

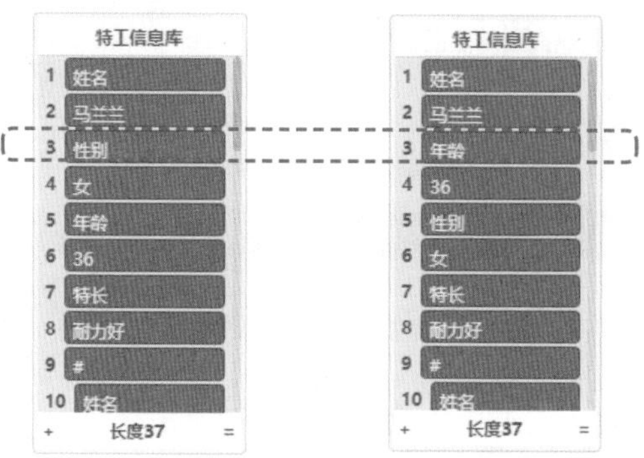

另外，由于复合式列表不依赖列表的项目号，所以它还有一个优势是可以方便地增删属性和属性值。现在，需要给某个角色增加一个新属性和属性值，如（身高：180cm），你能编写一个自定义模块来实现这个功能吗？

二分查找法

现在让我们回到之前的火星登陆故事中。如何才能在极短的时间内，完成数据的查找呢？当然是通过编写二分查找法来完成了（配套视频 30）。但是需要注意的是，二分查找法的条件是有序的数列。假设现在的数列为 1 到 10 的 10 个数字，需要查找的数是 8。

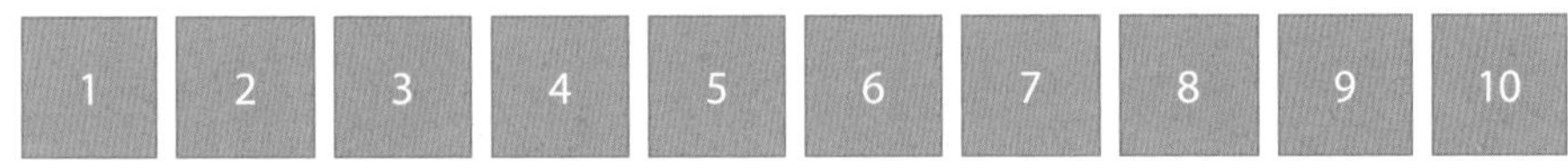

如果采用顺序查找法，我们从 1 到 8 逐步查找需要 8 次。但是如果采用二分查找法，将只需要 2 次，是如何做到的呢？

首先，将数列的中间数找到。

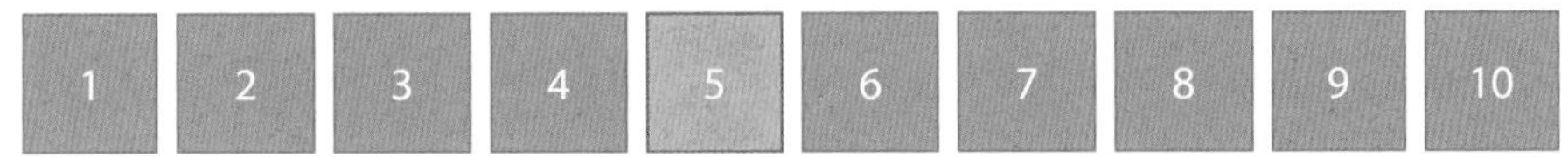

接下来，将要查找的数与中位数比较，如果小于中位数，那么就在前半部分进行查找，如果大于中位数，就在后半部分进行查找。现在要查找的数是 8，大于 5，所以我们将前一半的数排除，只需要在后半部分中进行查找。

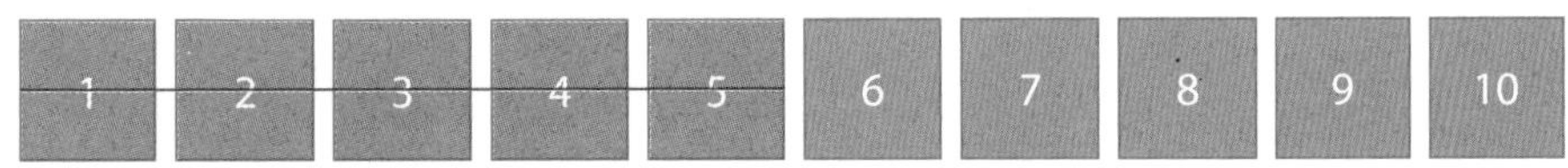

在后半部分数列中重新确定中间数，并进行比较。因为中位数刚好就是 8，所以完成查找。二分查找法最大的优势是面临庞大的数据时，查找时间极短，那么它的程序代码是怎样的呢？

新建一个自定义模块，取名为二分查找，如下图所示。

要进行二分查找，每次排除一半的数，首先要解决的问题是找到数列的中位数。如何确定中位数呢？

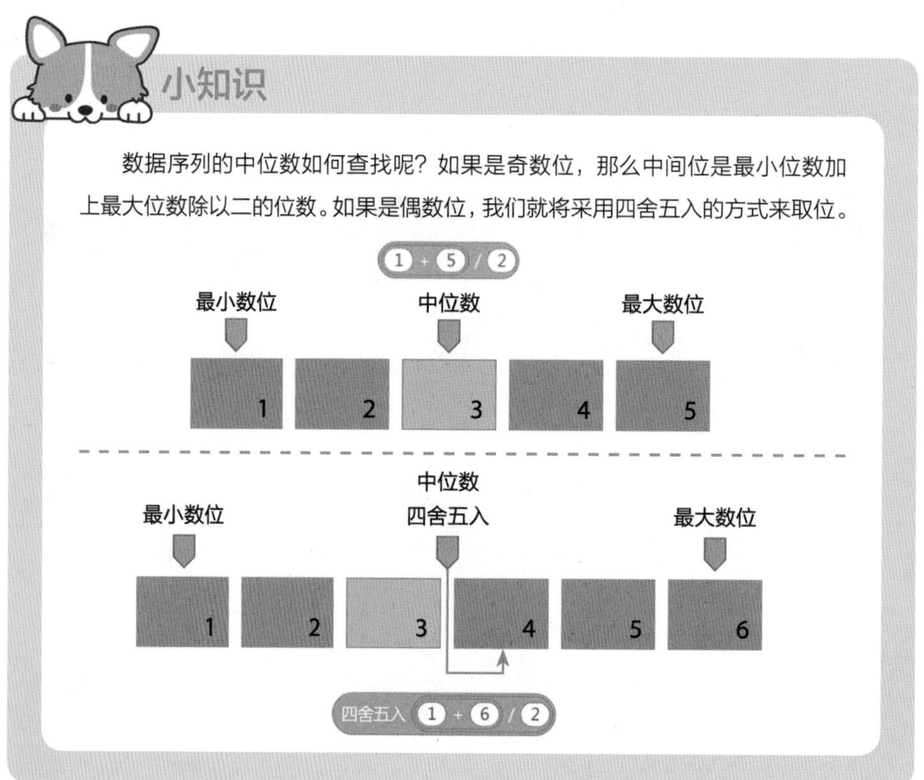

新建四个变量分别用来存储【最小数位】、【中位数】、【最大数位】，以及【需要查找的值】，对变量进行初始化。

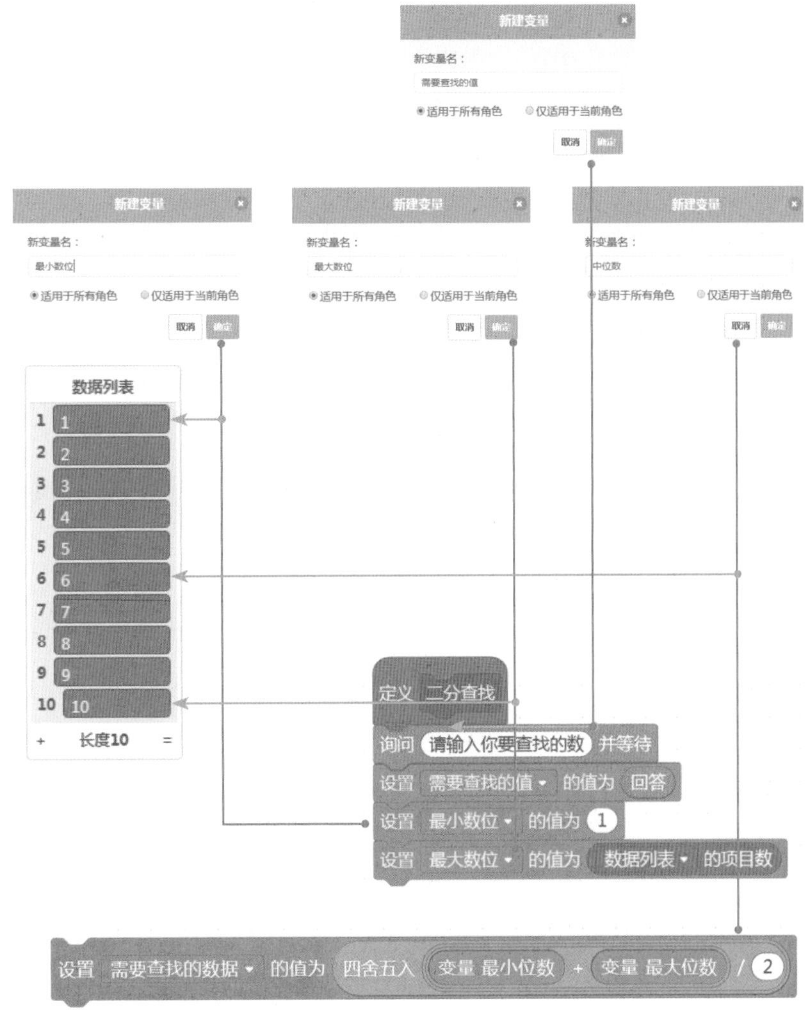

初始化变量

接下来，通过编写程序来实现这一功能。最小数位就是数列的第一项，最大数位是数列的最后一项，中位数统一取最大位数和最小位数的和除以 2 的值的四舍五入值。数列中共有 10 个数，按照规则，偶数个将采取四舍五入的方式取位，（1+10）÷2=5.5，四舍五入后为 6。

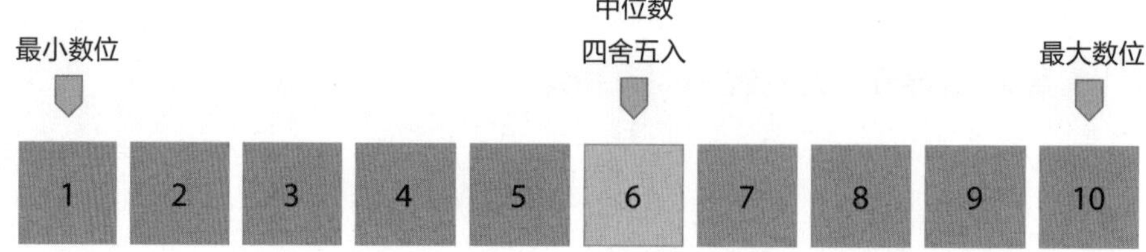

在比较后，会有三种情况。第一种情况：如果中位数比需要猜测的数小，那么最小数位变成原来中位数的后一位，最大数位不变，然后重新按照上面的方法查找中位数。

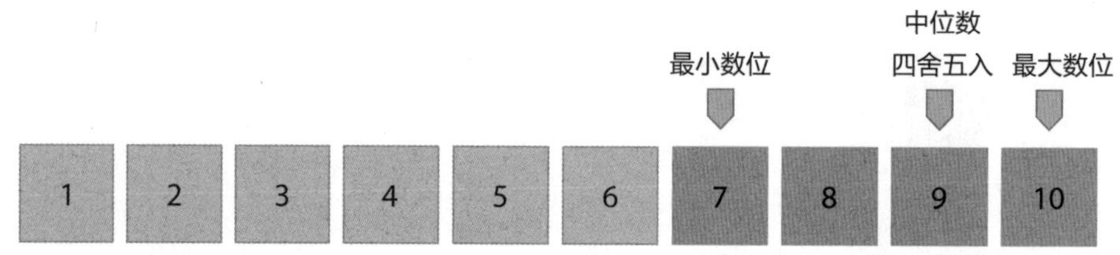

第二种情况：如果中位数比需要猜测的数大，那么最大位数变成中位数的前一位，最小位数不变，然后重新按照上面的方法查找中位数。

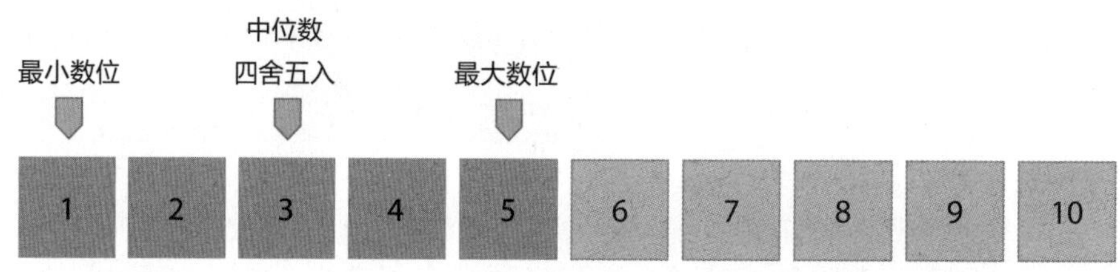

第三种情况：如果中位数与我们需要查找的数值一致，那么完成查找。

依此类推，完成剩下的查找，直到只剩下最后一个数，此时如果最后一个数符合要求，那么完成查找并报告查找到的数。如果仍然不符合要求，那么查找结束并报告查找无结果。

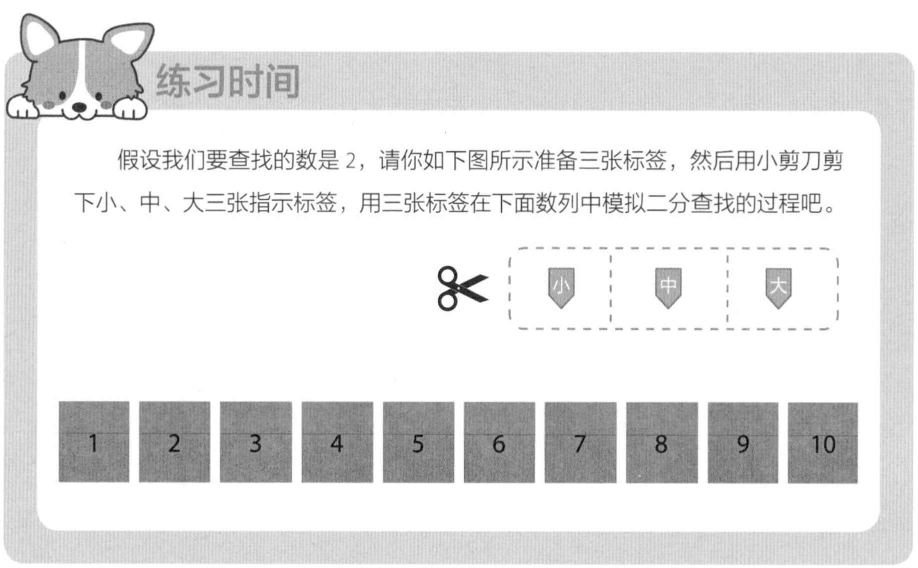

理解了中位数的查找方法以后，下面再看看用程序怎样实现上面的算法。

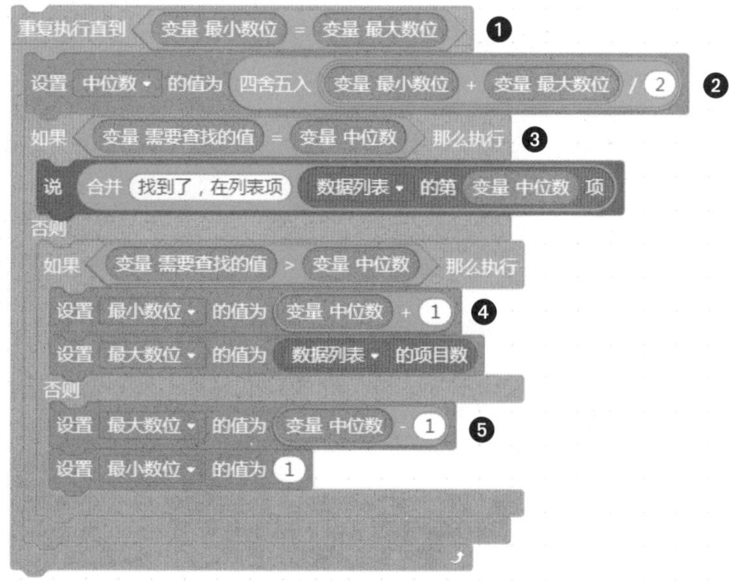

❶ 设置算法结束条件，也就是当最小位数和最大位数相等时。

❷ 设置中位数的获取方式，最小数位加最大数位除以 2 的四舍五入值。

❸ 设置查找到的判断条件，那就是中位数与要查找的数相等。

❹ 当查询的数大于中位数时，重新设置最小位数为中位数的数值加 1。

❺ 当查询的数小于中位数时，重新设置最大位数为中位数的数值减 1。

二分查找法是非常高效的算法。不过它的缺陷也是非常明显的，那就是使用二分查找法必须建立在有序的基础上。让无序变成有序，是人类亘古不变的主题，也是我们每天都在做的事情。放在包里的耳机线，很多时候都会纠缠在一起，需要将其整理有序。书包里的文具和书本，每天都要整理排序，甚至发明计算机的最初目的，也是为了完成排序。在下一章节，我们将一同去探索让无序变为有序的方法。

第四章
排序与序列之美

我们生活的世界中，小到生物基因组，大到宇宙星系，都有各自的序列组成方式（配套视频 31）。即使在日常生活中，如机场起飞的航班，书店销售的书籍，超市里摆放的物品，电影院排队的队伍、雨后蜘蛛网上的水珠都呈现着各自的序列。在建筑设计、美术工艺中，更是隐藏着序列的无穷魅力，吸引着人类对其无尽地探索。

宇宙星系

机场航班时刻表

建筑设计

思考时间

1. 生活中你还发现了哪些序列呢？
2. 序列对于我们的生活有哪些作用呢？

班上最近组织了一次考试（成绩见下表），班主任李老师需要对同学的各科成绩进行排序，所以找到了班上最乐于助人的你。你当然爽快地答应下来，并表示第二天早上就可以完成。

回到家后，你会怎么做呢？肯定马上拿出铅笔和橡皮擦，然后忙到半夜，将各科成绩按照要求排好序，并在第二天一早交给了李老师。就在此刻，李老师告诉你，其中有些同学的成绩在阅卷时出现了错误，成绩发生了变化，需要你重新排序。此刻的你，虽然微笑着说“没问题，我今天重新排一次就好了”，但内心估计是崩溃的，又要熬到半夜了……

或许你会想：我能不能编写一个程序来读取成绩表，并按照我的要求来实现自动排序呢？这样即使是中途成绩有变化，那也只是多点几下鼠标的事情。说干就干，有需要就有动力，现在就跟随我们一起来实现你的愿望吧！

成绩表

学籍号	语文	数学	英语	美术	音乐
202022001	30	75	46	100	48
202022002	46	76	73	63	47
202022003	8	42	3	49	29
202022004	3	76	64	16	8
202022005	79	2	70	18	64
202022006	57	94	9	55	84
202022007	28	60	31	7	40
202022008	14	27	93	78	31
202022009	49	33	55	62	25
202022010	88	75	71	18	91
202022011	81	8	28	38	63
202022012	22	18	48	65	17
202022013	55	36	84	73	7
202022014	91	66	87	63	94
202022015	98	62	45	97	99
202022016	51	37	66	71	33
202022017	47	23	4	30	30
202022018	93	99	15	19	62
202022019	88	49	57	39	72
202022020	100	71	47	36	17
202022021	41	85	97	73	31
202022022	26	81	21	15	77
202022023	91	16	79	38	19
202022024	82	6	55	83	49
202022025	46	66	27	87	20
202022026	19	35	86	45	83
202022027	70	50	72	20	26
202022028	83	84	85	71	87
202022029	31	99	87	94	8
202022030	56	57	13	32	20
202022031	51	53	98	61	5

思考时间

1. 如果使用手动排序，你有什么相对快速的方法呢？
2. 如果使用编程来实现，你觉得该从哪里开始呢？

面对复杂的表格数据，怎样用程序实现排序呢？我们不妨先把上面的表格简化后再入手，尝试寻找解决问题最基础的方向，然后再通过对程序逐步地优化和改进，实现更多的功能，这样的过程在编程中我们称为程序的迭代。

现在我们将表格进行简化，人数精简到 7 位，成绩以 10 分制计算，表格数据如下表所示。

成　绩
5
7
3
10
1
9
6

思考时间

在编程中，迭代是重复反馈过程的活动，其目的通常是为了逼近所需目标或结果。每一次对过程的重复称为一次迭代，而每一次迭代得到的结果会作为下一次迭代的初始值。

最简单的排序——桶排序

桶排序的原理

桶排序的原理是准备与数值个数相同的空桶，然后将数值放到对应的空桶中，实现排序（配套视频 32）。

下面我们结合实例，来说明如何实现上述成绩的桶排序。首先让列表中的 7 个同学分别把自己的成绩写在纸上，然后拿到胸前，方便我们看见。同时在地上准备 10 个空桶，在每个空桶上贴上 1~10 分的桶标签，如下图所示。

准备空桶

现在，随着你的一声令下，每个同学走到贴有和自己手上成绩相同标签的桶前，然后将自己手上的数字装进桶里。接下来，你只需要拿出纸和笔，从左到右记录下桶里的数值，就完成排序了。

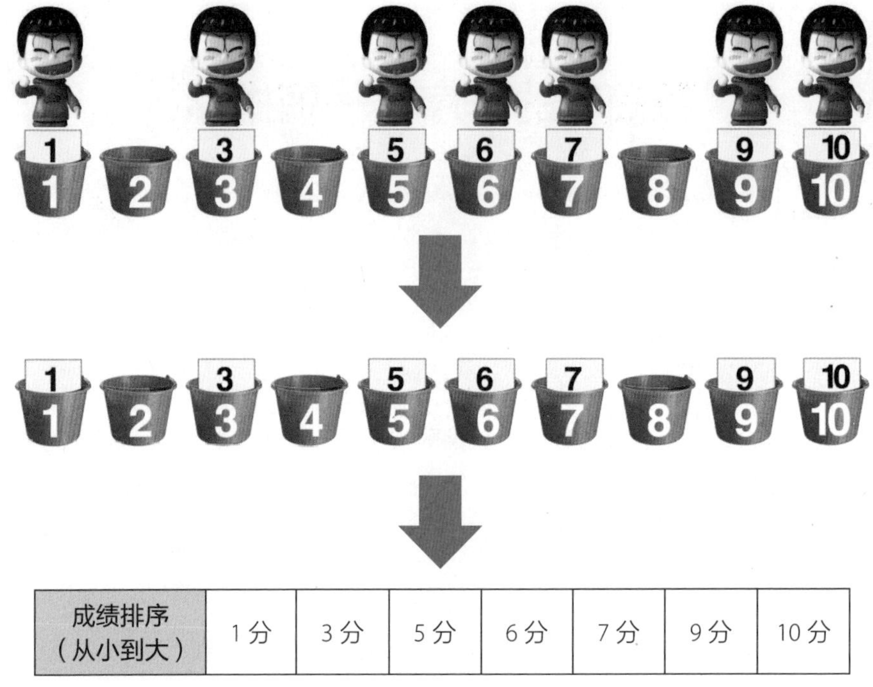

成绩排序（从小到大）	1 分	3 分	5 分	6 分	7 分	9 分	10 分

桶排序过程

桶排序 1.0 版本

如果你已经明白了桶排序的排序逻辑，那么现在让我们进入 Mind+ 中，着手创建桶排序程序的 1.0 版本吧。

数据的导入

进入【变量】模块，新建一个列表，取名为【成绩】，用来存储每个同学的成绩得分，如下图所示。

新建列表 ×

新的列表名：

成绩

◉适用于所有角色　◎仅适用于当前角色

取消　确定

在成绩列表中单击鼠标右键，选择导入，在弹出的窗口中选择导入“简化成绩.txt”文件（可以在配套文件中找到），这样我们就实现了【成绩】列表的数据导入，不用再一个一个地手动输入数据了。

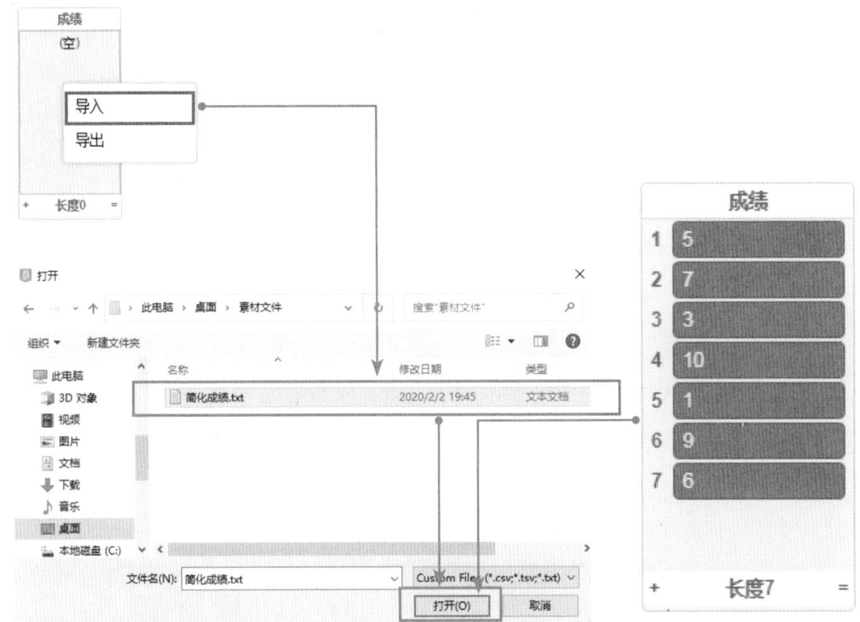

导入【成绩】列表数据

思考时间

选择导入和手动一个一个地输入有什么区别呢？

当前只有几个数字，即使选择手动输入也没有什么问题，但是如果数据量很大，或者数据源发生了变化，如果我们采用手动输入，这样就会无形中增大工作量，同时也增加了出错率。所以选择导入源数据，能够有效地减少我们的工作量和出错率。

空桶的手动建立

成绩列表已经有了，接下来让我们来创建“桶”，用来存放成绩。新建一个名称为【桶】的列表，如下图所示。

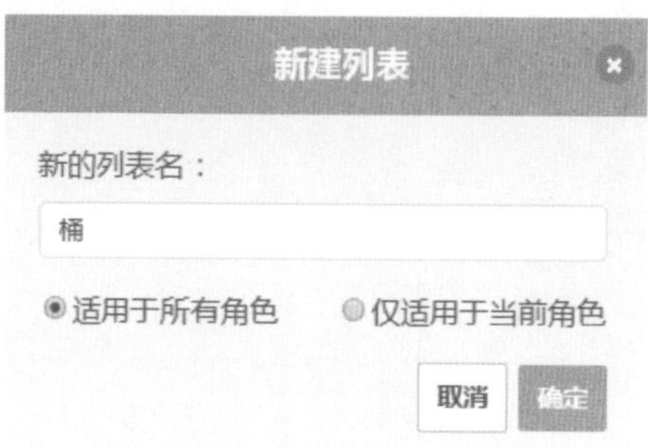

创建【桶】列表

需要多少个桶呢？在之前的故事中，我们知道：成绩的数值需要和桶的编号一一对应，因为本次考试是 10 分制（假定本次考试得分都是整数，先不考虑小数得分的情况），所以我们就需要准备 10 个桶。点击列表的左下角加号 10 次，依次建立 10 个空桶。

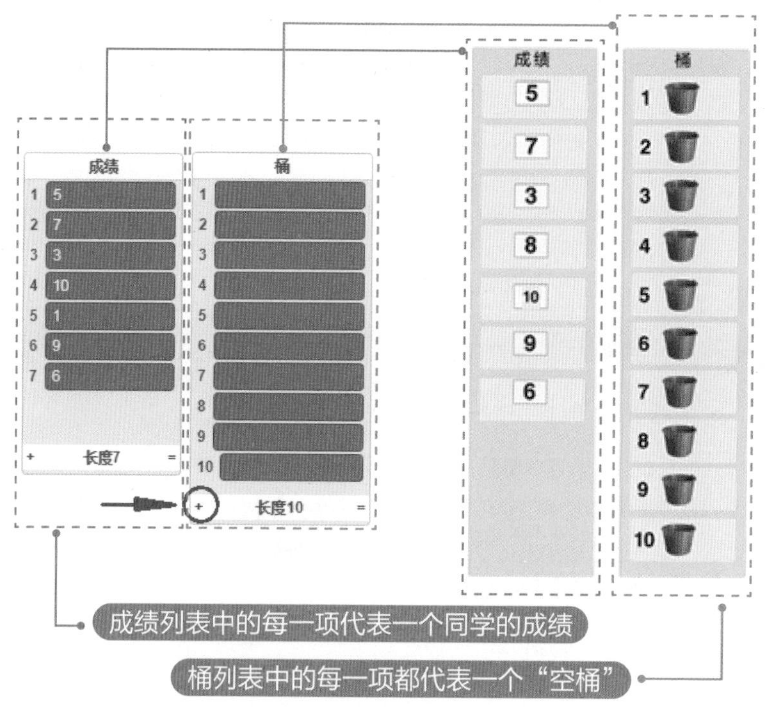

对应关系

思考时间

每个空桶都必须手动建立吗?

是不是每个空桶都必须手动点击建立呢？如果数据量很大，我们有没有办法让程序自动建立相应的空桶呢？桶的数量多少是由谁来决定的呢？带着疑问，让我们继续往下学习。

遍历装桶

因为在装桶的过程中，我们需要控制和操作列表里的值，具体来说就是需要从成绩列表中提取成绩，然后去桶列表中寻找匹配的桶。要想操作列表里的值，首要条件就是需要获得列表的序号。

新建【成绩列表序号】变量与【桶列表序号】两个变量，用来控制两个列表的值，并且将两个变量的初始值设置为 1。

新建变量
新变量名：
成绩列表序号
◉适用于所有角色 ◎仅适用于当前角色
取消 确定

新建变量
新变量名：
桶列表序号
◉适用于所有角色 ◎仅适用于当前角色
取消 确定

设置 成绩列表序号 ▾ 的值为 1
设置 桶列表序号 ▾ 的值为 1

为什么要将两个列表的初始值设为 1 呢？这是因为这样的初始值能方便我们遍历列表中每项数值，实现装桶的操作。稍等，什么是遍历？让我们先搞懂这个编程术语。

什么是遍历呢?

遍历，是一个计算机编程的专用术语，意思是把所有的元素都访问一遍。其实这个词并不是新词，早在宋代，辛弃疾就在《鹧鸪天 · 离豫章别司马汉章大监》中写道：

聚散匆匆不偶然，二年遍历楚山川。
但将痛饮酬风月，莫放离歌入管弦。
萦绿带，点青钱，东湖春水碧连天。
明朝放我东归去，后夜相思月满船。

诗歌的意思是：我们的团聚与分离太匆促了，但这不是偶然的。我在这两年里调动了四次，几乎走遍了楚地的山山水水。让我们开怀喝个痛快，借酒来酬谢这里的风月景色和友人们的关怀吧！不要把离别的歌曲谱在管弦里唱出来，叫我听见伤心。看这绿水的江河，像带子萦回弯曲，荷花叶子，圆圆点点的像青钱，布满了池塘。东湖里的春水，碧绿清澈，与湛蓝的青天连一起。明天早晨，我就要向东归去了，后夜月光满船的时候，正是我孤独的一个人在思念你们的时候。

诗歌里的遍历和程序中的遍历不谋而合，都是走遍（访遍）每个地方的意思。

添加一个自定义模块，取名为【装桶】。然后再来具体分析装桶的方法。

既然需要遍历列表中每项数值，那么就可以通过重复积木来实现，重复的次数就是成绩列表的项目数，如下图所示。

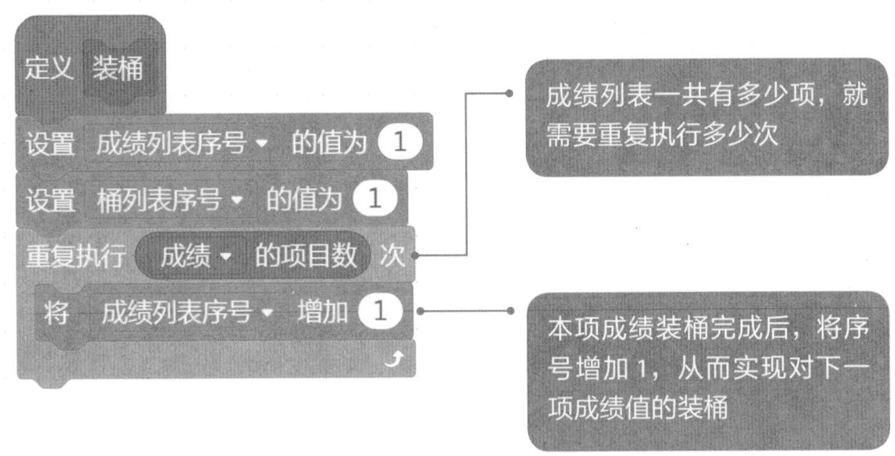

装桶自定义模块的实现

现在我们以成绩列表第一项为例，来看看这个过程：成绩列表的第一项值为 5，把成绩值 5 和 1 号空桶进行检查，如果空桶编号和数值一致，则放进该桶中，如果不一致，则继续检查下一个桶，依此类推。

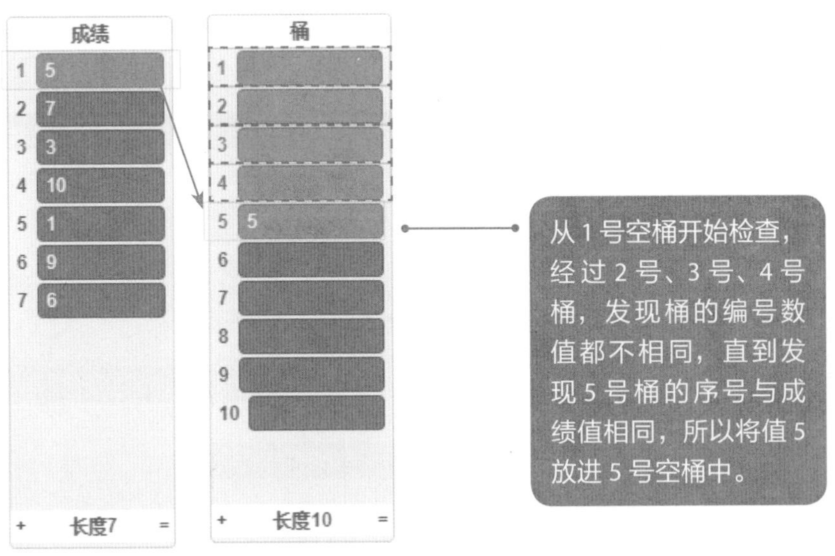

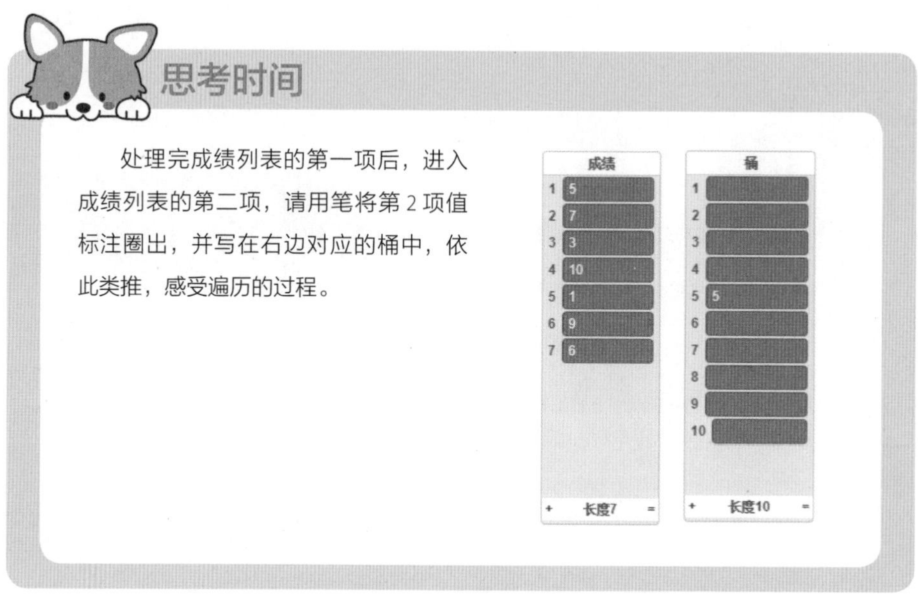

刚才，我们手动模拟了程序的装桶过程，现在让我们想一想如何用程序来实现这一过程呢？通过变量【成绩列表序号】获取列表中的该项值，然后通过判断积木，将该列表项的成绩值与当前桶列表序号进行比较。如果两者的值相同，那么就将成绩放到对应的桶中；如果两者的值不同，那么就再检查下一个桶，直到将所有的桶都检查完毕。程序如下图所示。

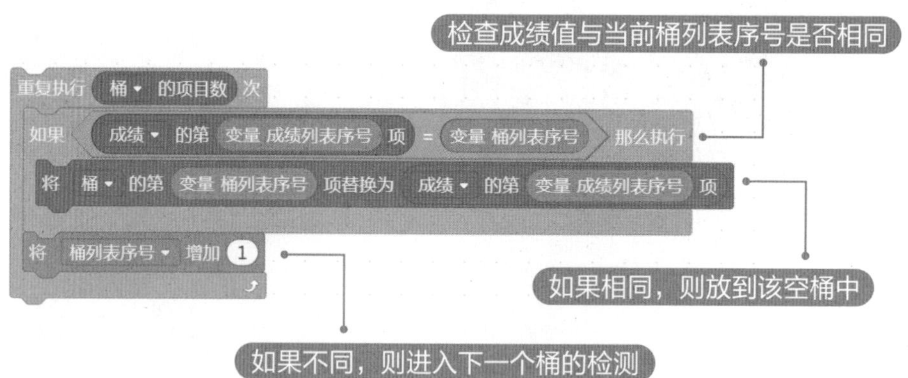

用说积木的方式调试装桶程序

运行一下程序，会发现程序只对第一个成绩进行了装桶，这是怎么回事呢？因为程序运行的过程是非常迅速的，往往我们还没有看清楚过程就已经结束了，有没有办法让我们可以直观地观察到程序当前进行到哪一步了呢？有的，我们只需要增加说积木，说的内容设置为当前的进展情况，包括成绩列表的读取情况、装桶情况，将其放入主程序，这样我们就能控制程序的运行速度，观察到程序的进程，从而发现问题。

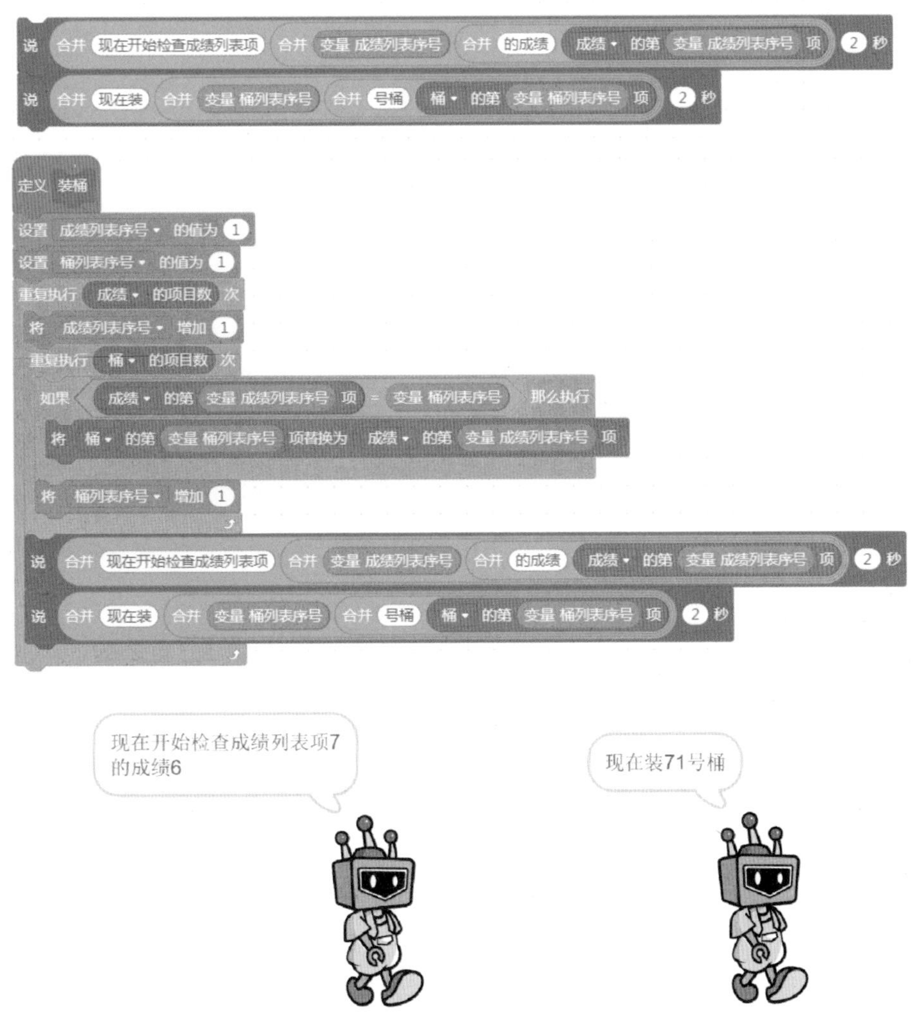

报告程序运行的过程

程序运行以后，如上图所示，机器人就会向我们报告，当前程序进行到了哪里。奇怪的是，机器人竟然报告说：“现在装 71 号桶”，可是哪里来的 71 号桶呢？看来是装桶的过程中出问题了。回到程序，通过检查发现：桶的序号一直在增加，是因为每次装桶后，桶序号没有从头开始，而是累计在增加。

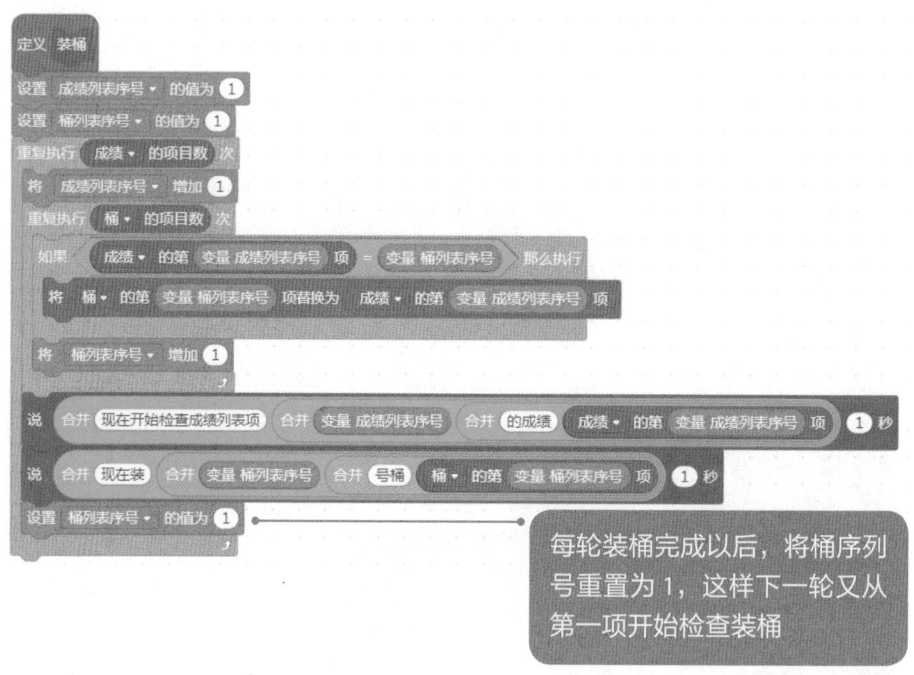

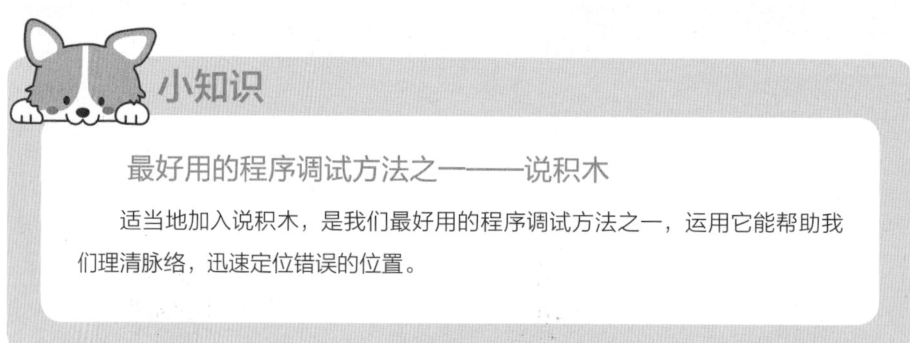

小知识

最好用的程序调试方法之一——说积木

适当地加入说积木，是我们最好用的程序调试方法之一，运用它能帮助我们理清脉络，迅速定位错误的位置。

整个程序通过内外两层循环，完成了排序，我们暂且把当前的排序程序称为桶排序 1.0 版本。

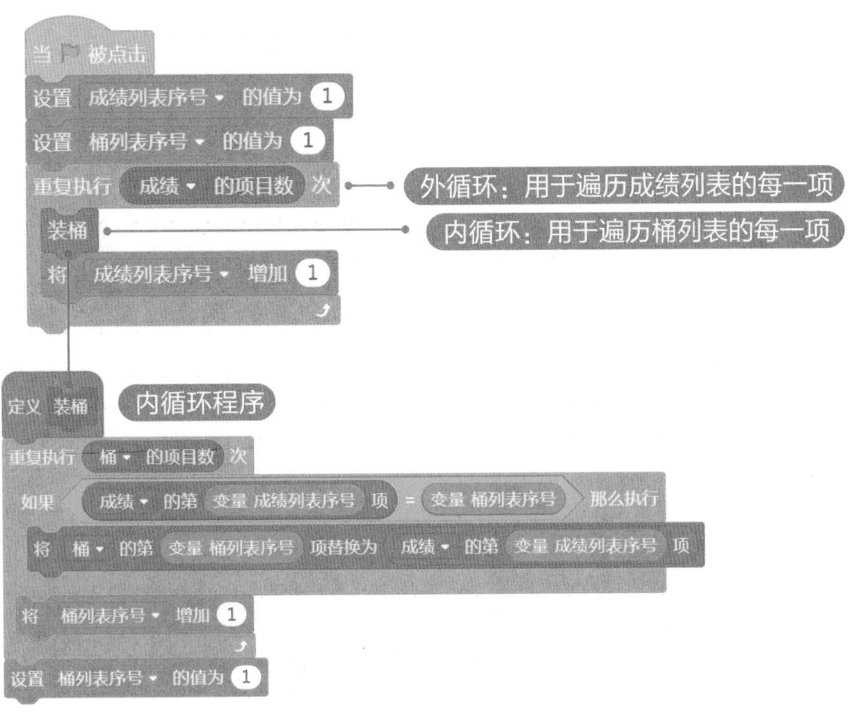

内外两层循环的程序

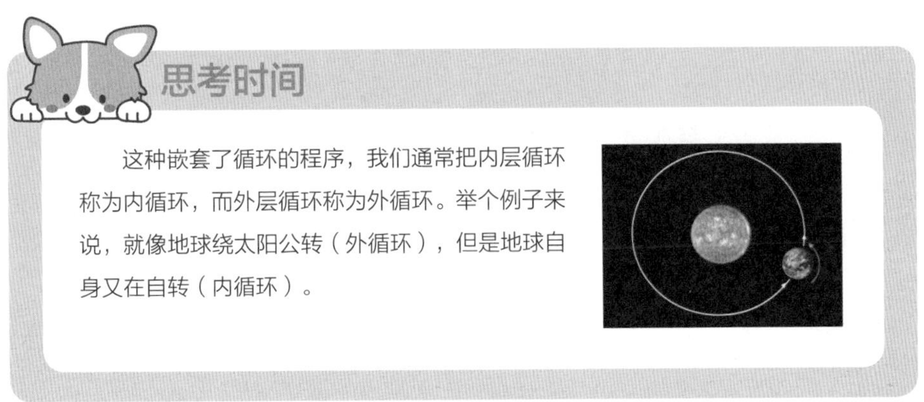

这种嵌套了循环的程序，我们通常把内层循环称为内循环，而外层循环称为外循环。举个例子来说，就像地球绕太阳公转（外循环），但是地球自身又在自转（内循环）。

为自己庆祝一下吧！桶排序 1.0 版本对于你来说，已经是一次突破性的挑战了，此处应该有掌声。可是我们也不能就这样把“桶”交给老师，然后对老师说：“现在已经装好桶了，麻烦老师您自己来数了哦！”。既然接了任务，就要做得尽善尽美。所以，让我们对上面的 1.0 版本进行升级迭代吧，让程序实现自动提取排序后的成绩，然后把最终的排序表交给老师。

桶排序 2.0 版本

进入添加一个自定义模块，取名为【新列表输出】，用来实现对之前装桶后列表值的重新整理（配套视频 33）。

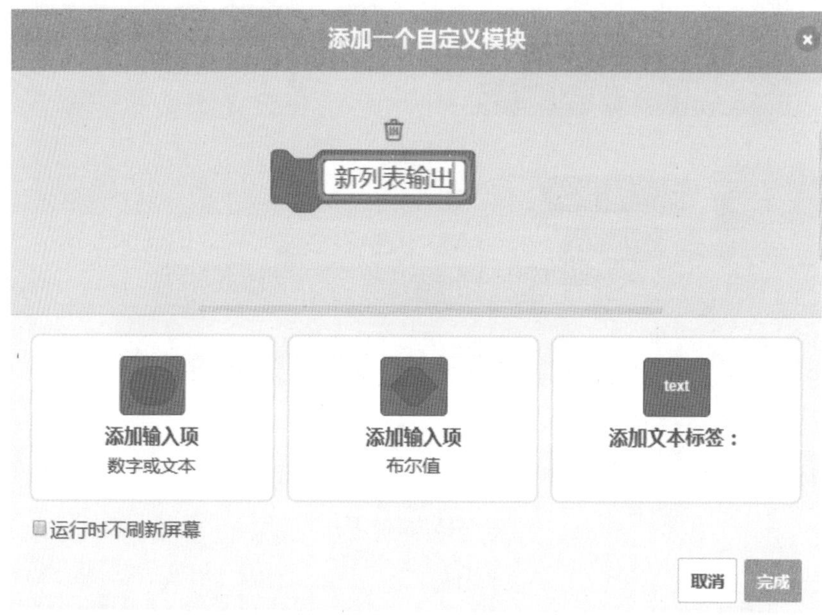

温馨提示

请先不要马上翻看下边的内容，先思考一下：如何才能把桶列表里的序号值提取出来，形成一份成绩单呢？

思考后，再实际操作一下，看一下你的方法是否有效，最后再来看看老师的做法，这样你会有更大的收获。

通过之前的排序，桶列表中已经把成绩按照从小到大的顺序放好了，我们需要做的是让程序把每个桶里的成绩提取出来，并生成新的列表。新建一个列表，取名为【排序新列表】。

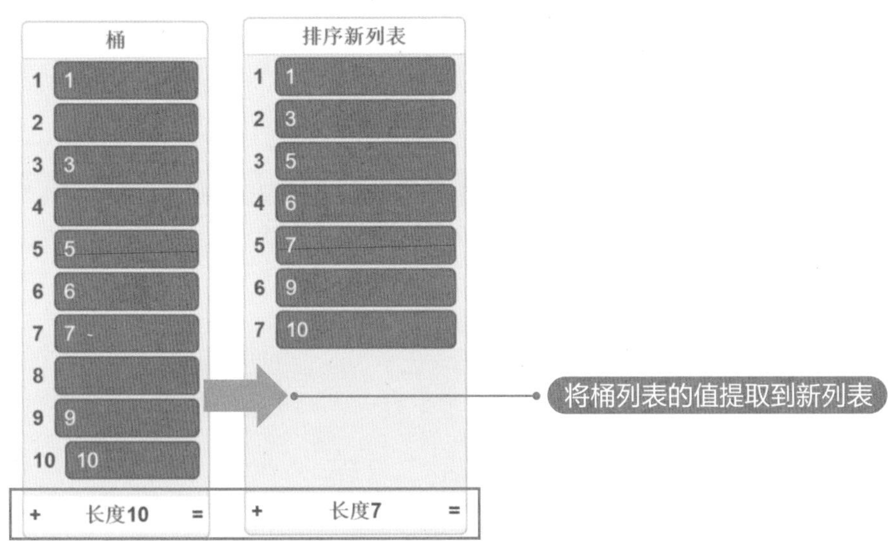

再次遍历桶列表，把里面的有效数值依次提取到新列表中，就能达成我们的目的。程序如下图所示。

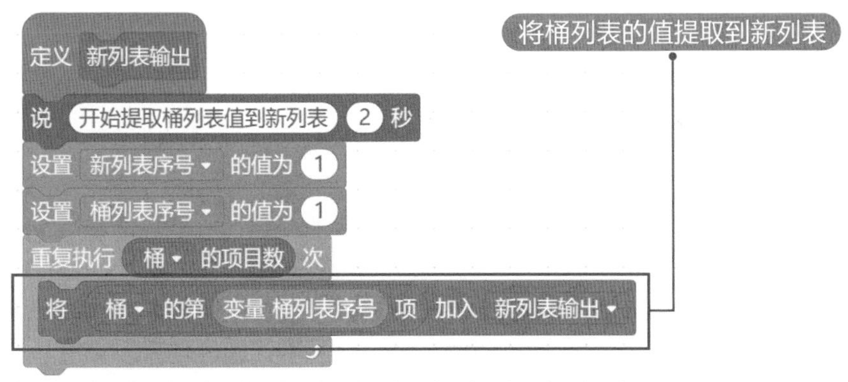

问题来了，桶列表中有些桶是空的，这些空桶里什么都没有，我们称之为空值，它们是不需要提取的，我们该怎么办呢？

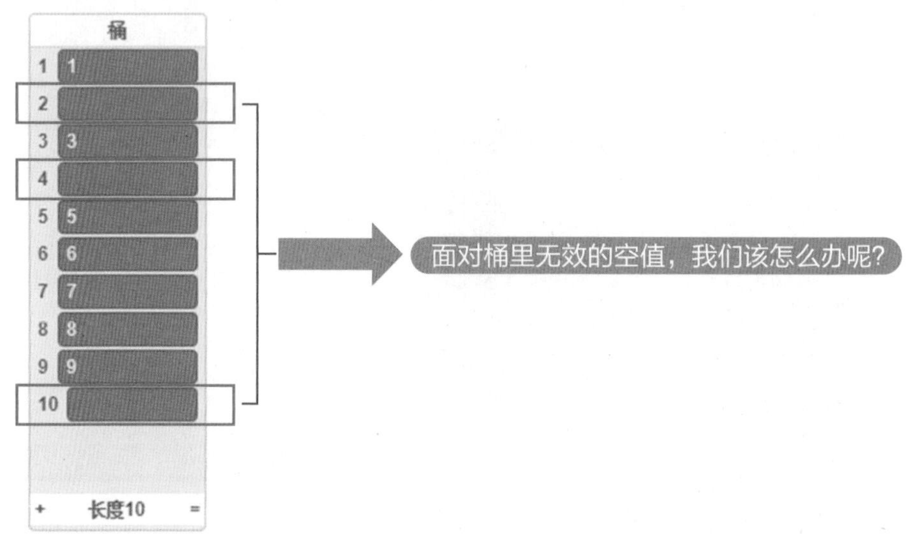

方法是增加一个判断，如果是空的列表项，就不需要提取，直接跳过。反之，如果是有效数值，则提取到新列表中。

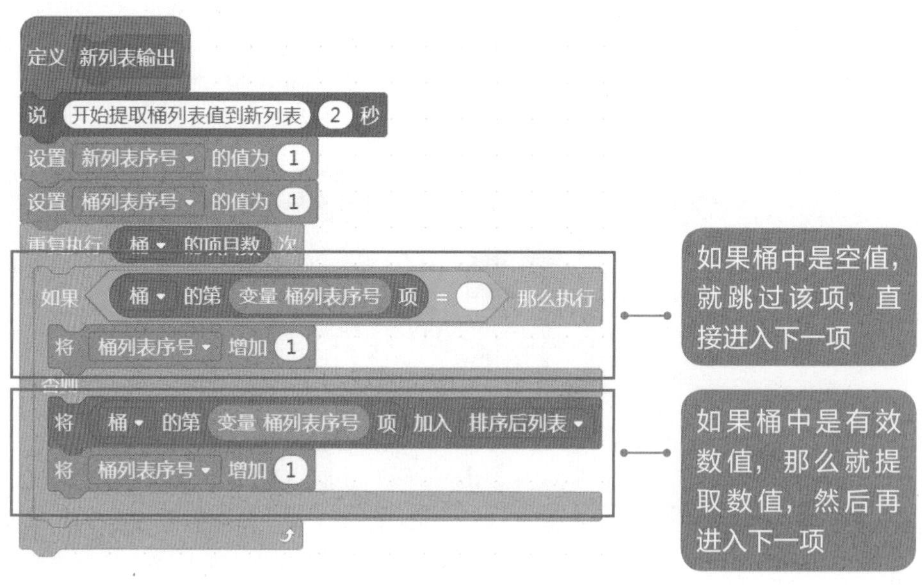

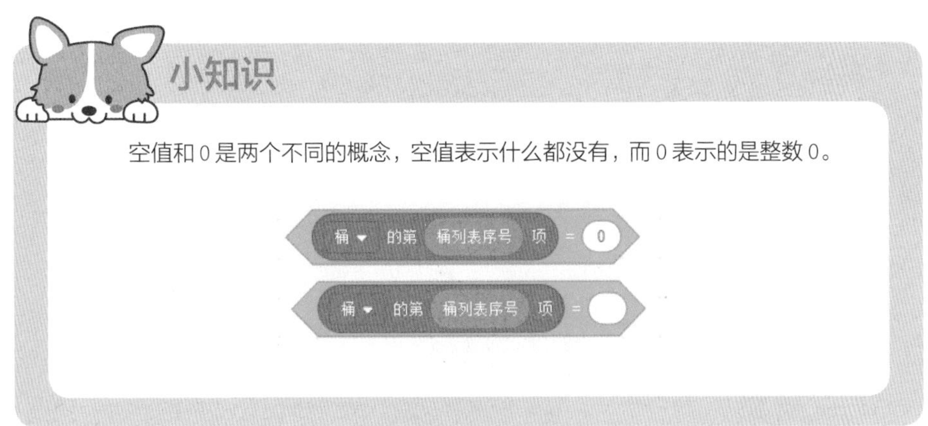

桶排序 3.0 版本

太棒了，对程序进行了迭代升级，可以实现自动提取有效数值到新列表了，再次为自己的进步鼓掌吧（配套视频 34）。

回顾一下之前我们提出的一个思考，在建立空桶的时候，我们是怎么做到的？桶的数量又是由什么决定的？

想起来了吗？我们是通过单击了 10 次增加项目按钮，从而获得了 10 个空桶。这是因为成绩列表中最大的那个数值决定了空桶的个数。我们能否实现成绩列表导入后，程序自动判断最大的成绩值，然后依照最大值自动把空桶建立好，最后实现自动装桶和输出新列表呢？这样，当老师把需要处理的成绩表交给你时，你需要做的事情，仅仅就是将表格数据导入，然后就可以等着拿结果，以及“谦虚”地面对老师赏识的目光……

用擂台比武的方式获取最大值

这真是一个很棒的想法，那就需要挑选出最大的那个数。让我们走进一场武林擂台赛，看看擂台赛上是怎样挑选出武状元的。

比武过程如下：先从左起第一个比武者开始，依次和其他比武者进行较量，如果他从头到尾都获胜，那么武状元的宝座就是他的了；如果他中途输了比赛，那么中途赢的人就替换他再和其他人比武。最终我们只需要看谁坐在武状元的宝座上，谁就是本次比赛的武状元了。假设每个人手上的数字代表着每个比武者的武艺值，武艺值越高功夫越高。下面的序号表示比武者的出场编号。

只见 1 号选手站在台上，给大家抱拳说道：“各位兄台，请问有没有愿意上台来挑战的呢？如果没有，那我就坐到武状元的宝座上了哦！”

话音还没落，就听见 2 号比武者一声呐喊：“且慢，我来会会你！”，2 号打擂者跳上擂台，比武正式进入第一轮。

结果本轮比赛 1 号被打败，让出了比武宝座，2 号选手暂时坐上擂主宝座。

接下来，每一个挑战者都逐一上台进行了比武。最终比赛完成后，6 号选手成为全场比武擂台赛的武状元。

我们程序要实现的，同样是这样一个过程，新建一个自定义模块，取名为【统计最高分】。

新建【统计最高分】模块

回忆一下之前比武大会的宝座，每次只能坐一个人，每次比武后都只有一位胜利者暂时坐在上面，整场比武完成后，最终坐在宝座上面的人，才是真正的武状元。新建一个变量，取名为【成绩最大值】，用来模拟故事中武状元的宝座，存放成绩的最大值。

新建变量
新变量名：
成绩最大值
适用于所有角色　仅适用于当前角色
取消　确定

新建【成绩最大值】变量

对变量进行初始化，暂时将成绩列表中的第一项视为最大值。为什么要这样呢？刚才擂台比武刚开始的时候，第一个比武者上台后，在暂时没有人挑战时，他不就坐在比武擂台的宝座上了吗？同样的道理，我们也暂时把列表第一项的值视为最高值，随着比较的进行，就看它能不能继续保持了。设置序号 2 的原因是第一个选手需要和第 2 个选手比较，如果设置为 1，那么就自己和自己比武了。如下图所示。

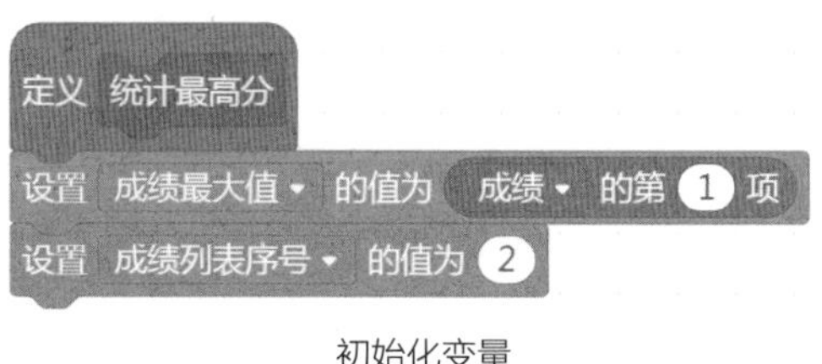

初始化变量

要比较多少次呢？需要成绩列表项目数减去 1 次。

比较次数

哎，这次为什么要减去 1 呢？还是回到故事中，假设 1 号真的就是最厉害的，他需要比武几次呢？虽然加上他自己共有 7 个选手，但他只需要比武 6 次，因为总不能自己和自己比吧，所以需要重复的次数是成绩列表的项目数减去 1。

接下来，程序就像刚才的比武擂台一样，从当前成绩列表中的第 2 项开始，逐项比较。如果当前值大于下一项的值，那么就继续比较下一项，如果遇到了更大值，就替换最大值，直到全部比较完毕。

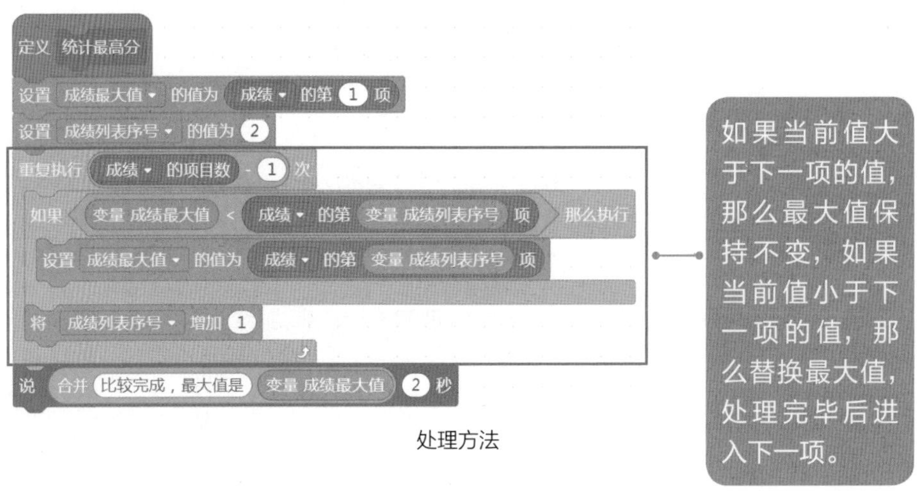

处理方法

全自动地建立空桶

程序现在已经可以自动获取最大值了，最大值的获取，意味着我们知道了要创建的空桶的个数。添加一个自定义模块，取名为【准备空桶】，用来完成自动建立空桶的操作。

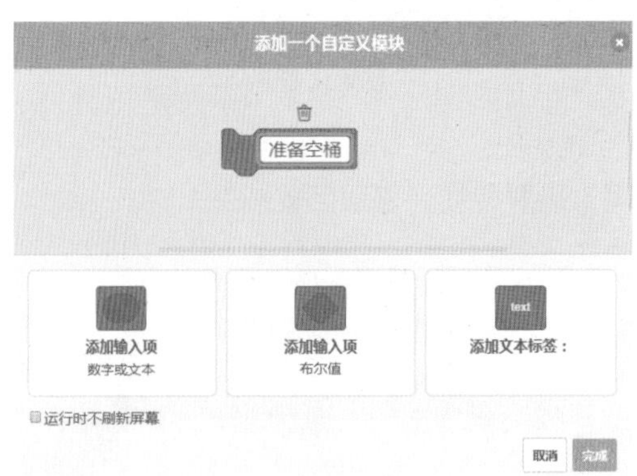

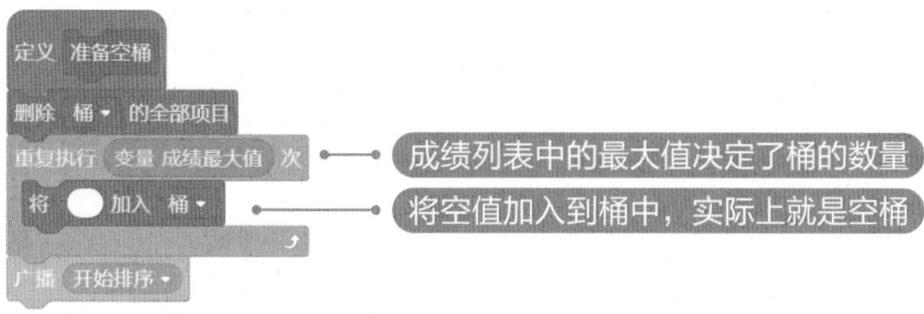

自动建立空桶

最后，我们将之前制作的多个自定义模块组合在一起，就形成了一整套的解决方案，导入成绩后，就能自动生成排序后的成绩列表了。

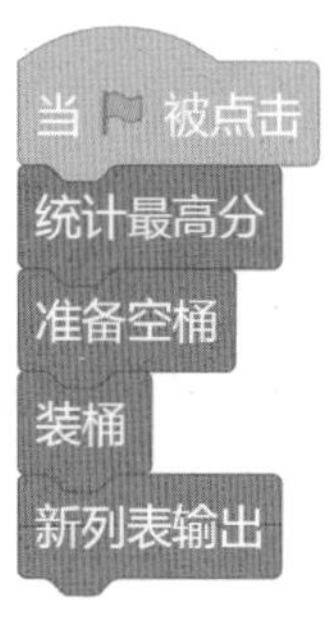

完整程序

再谈有序之美

在艺术绘画之旅的章节中，我们曾提到有序的图形组合能够产生美，其实不光是在绘画中，在生活中也处处存在着序列之美。图书馆的图书管理员将图书通过整理分类后，整齐地分类摆放在书架上，让读者一走进图书馆就能感受到书海的气息。同时，有序分类摆放，还能够让读者迅速地找到需要的书籍；建筑师通过对建筑造型的排列组合，形成建筑的序列之美；在家里，我们学习收拾房间，将生活用品、学习用品分类摆放，能够改善生活的质量和提高学习效率；在火星着陆时，有序的数列能够让查找数据从115天缩减到33毫秒。有序，对于生活来说，太重要了。接下来我们将探索排序的算法。

图书的有序之美

颜色与形状的有序之美

冒泡排序

桶排序的不足

桶排序虽然好用，但其实存在着不足。

不足之一：假设我们把上面成绩表的第 4 项值变成 890，其余保持不变。别看只是这一处小小的改动，在进行桶排序的时候就会造成大麻烦。因为得准备 890 个空桶，同时也意味着装桶的时候，要经历 890 次检测，是不是很浪费呢？浪费“空桶”其实就是在浪费宝贵的时间和系统资源。

序号	成绩
1	5
2	7
3	3
4	890
5	1
6	9
7	6

```
定义 准备空桶
删除 桶 的全部项目
重复执行 (变量 成绩最大值) 次
    将 ( ) 加入 桶
广播 开始排序
```

空桶数量造成的麻烦

不足之二：对上面的表再稍微修改一下，将第三项成绩值由3变成3.1，其余保持不变。现在这个3.1着实让当前的桶排序犯难了，因为没有办法去准备一个序号为3.1的桶。

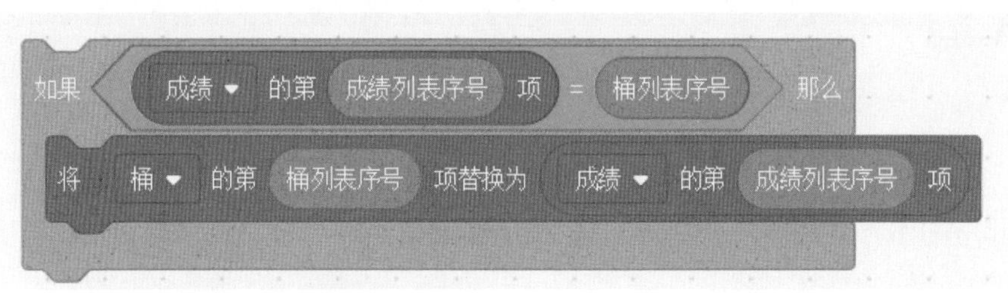

序号	成绩
1	5
2	7
3	3.1
4	890
5	1
6	9
7	6

序号不能是小数

无法解决的序号问题

别担心，我们将通过冒泡排序法来解决上面的难题，先来了解一下冒泡排序的原理吧。

冒泡排序的原理

冒泡排序的原理是每次比较两个相邻的元素，如果它们的顺序错误，就把它们交换位置（配套视频 35）。

冒泡过程的计算模拟

新建一个名为【成绩】的列表，然后把列表数据导入。为了方便看清冒泡的过程，我们对照列表将每个数值放在一个小泡泡中，用游戏的方式来观察它们是如何进行冒泡排序的。

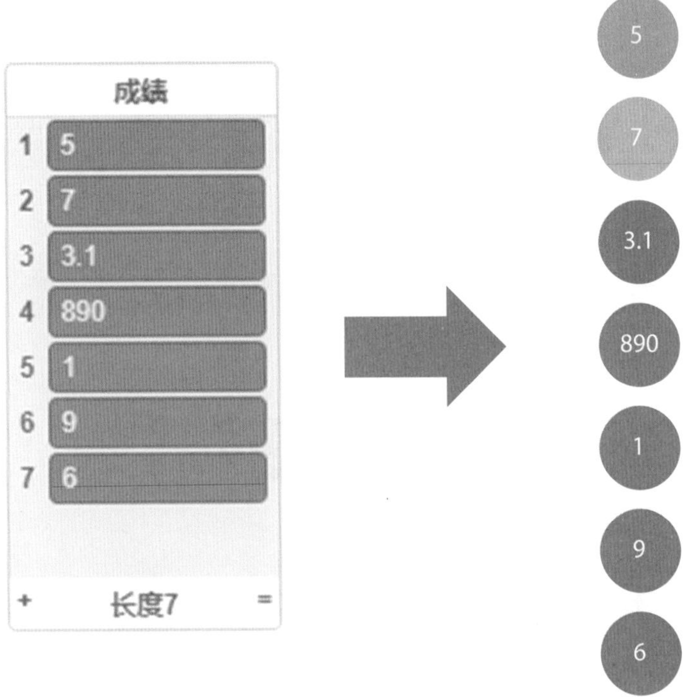

建立与列表一样的气泡数列

温馨提示

本次排序，我们采取从小到大的方式排序，也就是说数值小的气泡会浮到上方，而数值大的会沉入下方。

第一次冒泡

首先比较列表第 1 项和第 2 项，第一项的数是 5，第二项的数是 7，第 1 项的数比第 2 项的小。按照规则，数值小的浮在上方，所以它们不需要交换，继续保持现在的位置，如下图所示。

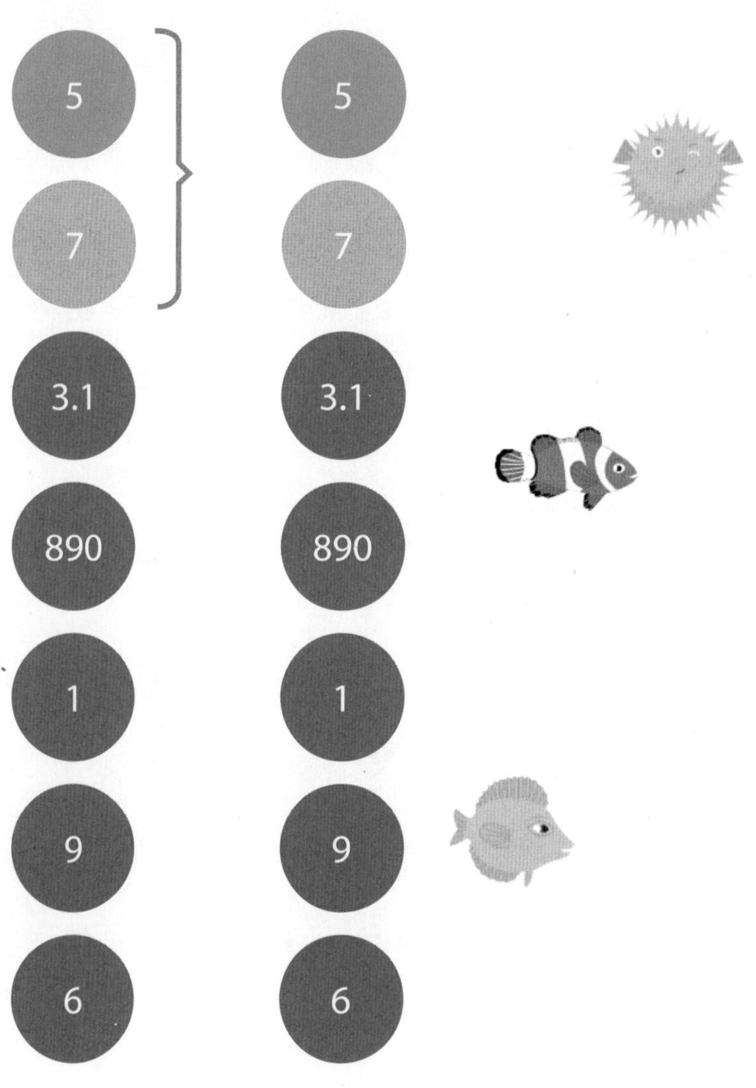

第一次冒泡

第二次冒泡

比较列表第 2 项和第 3 项，第 2 项的数是 7，第 3 项的数是 3.1，第 2 项的数比第 3 项的大。按照规则，数值小的浮在上方，所以它们需要交换位置，如下图所示。

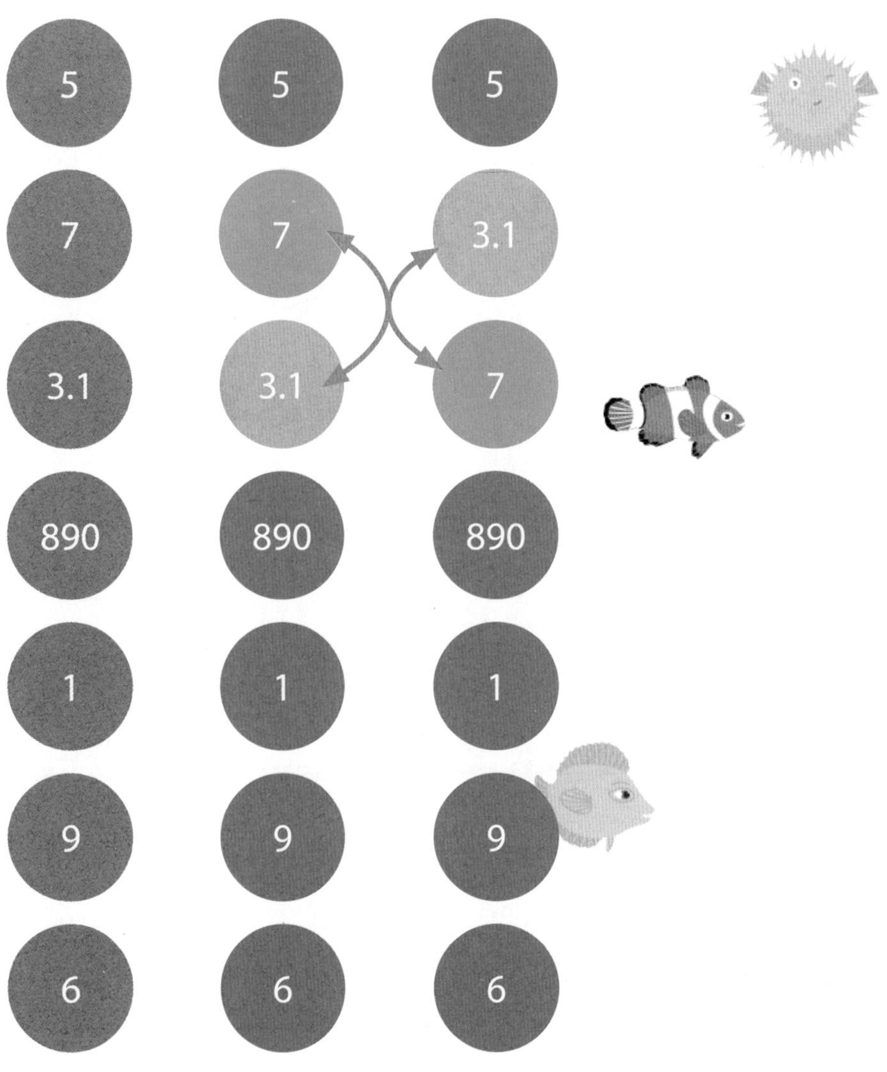

第二次冒泡

第三次冒泡

继续比较列表第 3 项和第 4 项，第 3 项的数是 7，第 4 项的数是 890，第 3 项的数比第 4 项的小。按照规则，数值小的浮在上方，所以它们不需要交换位置，如下图所示。

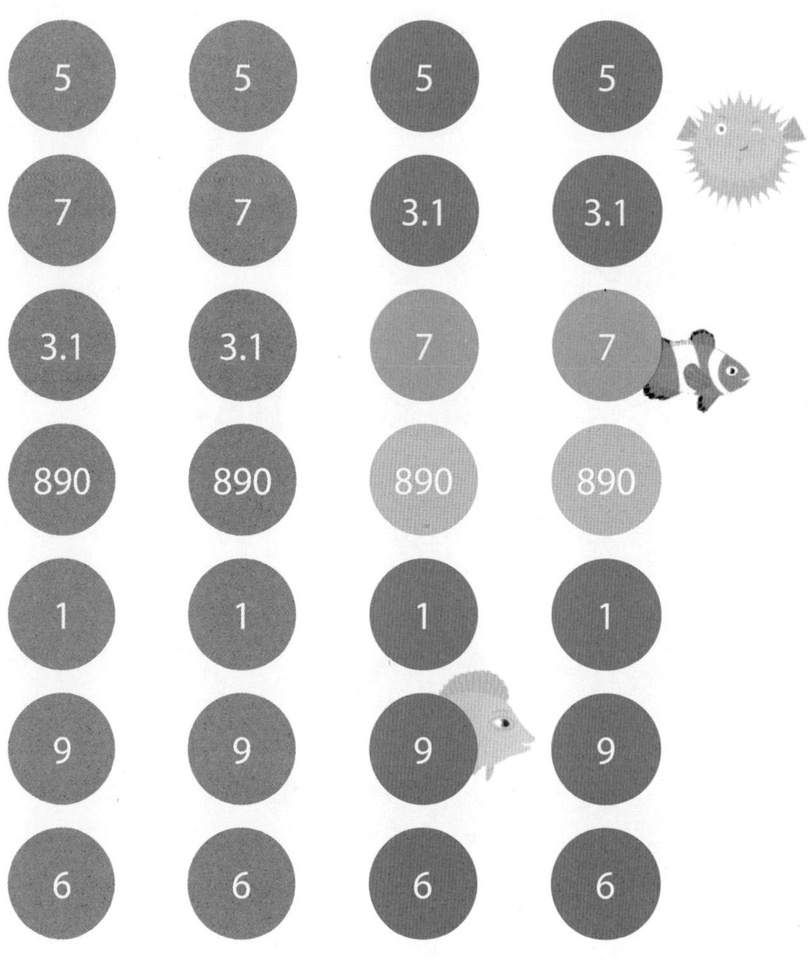

第三次冒泡

练习时间

请拿出铅笔和橡皮擦，自己手动完成本轮剩下的冒泡排序吧。然后再翻到下一页，看看你的冒泡排序和老师的一样吗？

5	5	5	5			
7	7	3.1	3.1			
3.1	3.1	7	7			
890	890	890	890			
1	1	1	1			
9	9	9	9			
6	6	6	6			

模拟练习

经过六次冒泡，第一轮冒泡排序完成，结果如下图所示。我们可以看到，最大的一个数已经沉到最下方了。

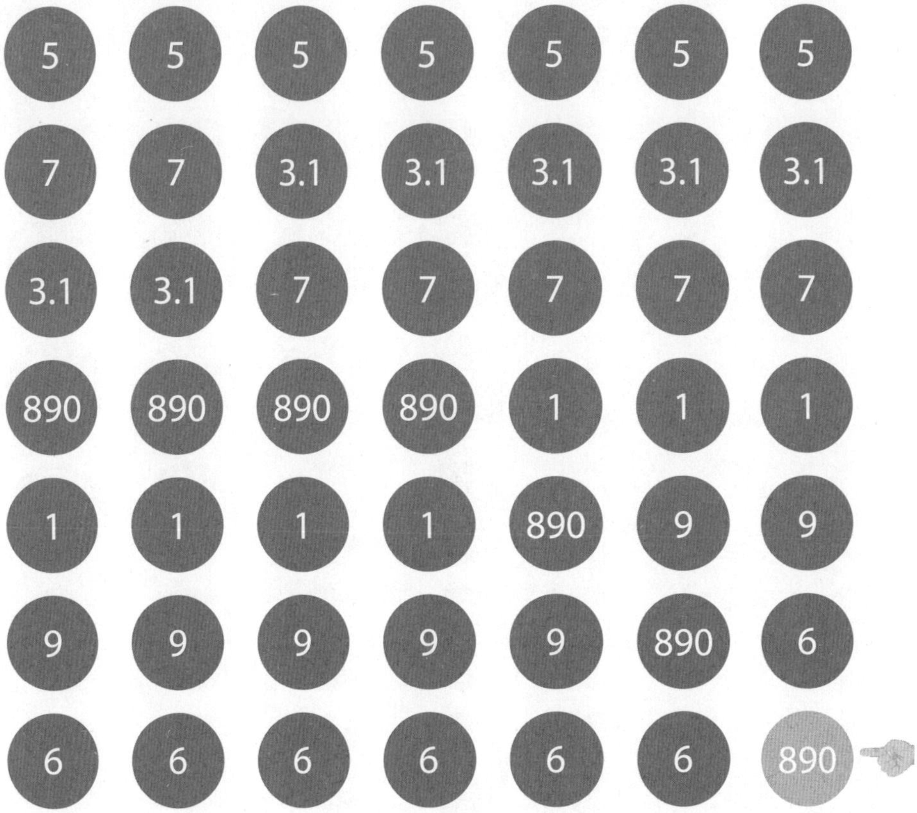

5	5	5	5	5	5	5
7	7	3.1	3.1	3.1	3.1	3.1
3.1	3.1	7	7	7	7	7
890	890	890	890	1	1	1
1	1	1	1	890	9	9
9	9	9	9	9	890	6
6	6	6	6	6	6	890

最大数沉入最下方

接下来，我们只需要采用同样的方法进行下一轮冒泡，直到全部排序完成。

思考时间

1. 一共需要进行几轮排序才能全部完成呢？
2. 如何才知道全部排序完成了呢？

带着上面的思考，让我们尝试把算法转换为程序，实现冒泡排序吧。

初始化冒泡程序

打开 Mind+，新建一个列表，取名为【成绩】，在列表上单击右键，将基础数据导入到列表中（配套视频 36）。

新建【成绩】列表

添加一个自定义模块，取名为【冒泡排序】。

添加自定义模块

还记得之前擂台赛中的状元宝座吗？用来安放每次比武的胜利者。同理，现在也新建这样一个变量，它将起到临时中转的作用，用来存储每次比较后的较大数。新建变量【较大数】，如下图所示。

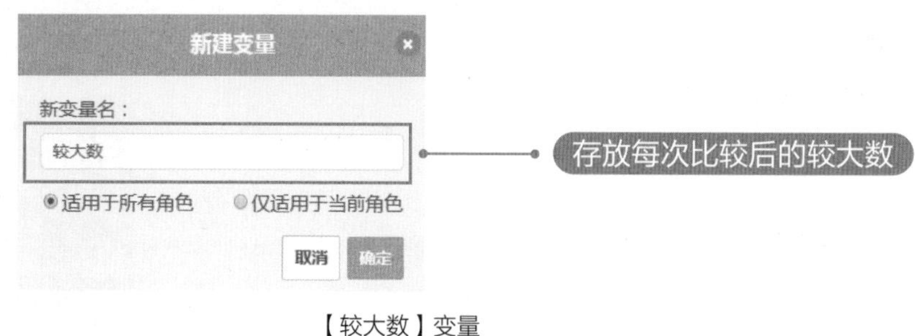

【较大数】变量

新建变量【序号】，用于访问列表项，如下图所示。

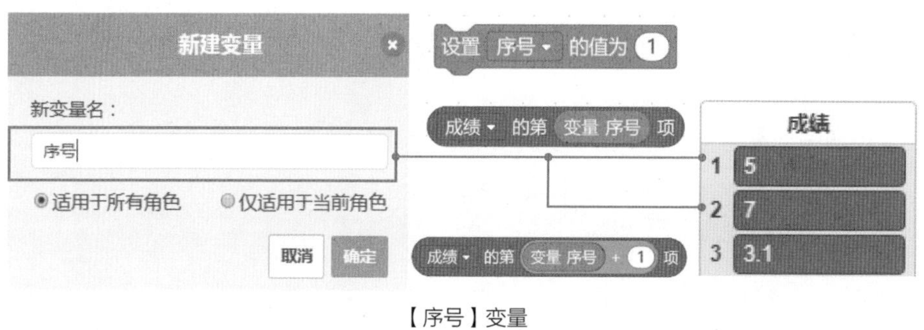

【序号】变量

开始冒泡

基础工作准备好以后，我们就要开始对列表中的数值进行冒泡排序了。方法是把列表的第一项作为当前值，让当前值与下一项值进行比较。如果当前值比下一项值小，那么就保持位置不变；如果当前值比下一项值大，那么就交换它们的位置。比较完成后，将序号增加 1，为下一次比较做好准备。

```
重复执行 ( ) 次
    如果 <(成绩 的第 (变量 序号 + 1) 项) < (成绩 的第 (变量 序号) 项)> 那么执行
        设置 较大数 的值为 (成绩 的第 (变量 序号) 项)
        将 成绩 的第 (变量 序号) 项替换为 (成绩 的第 (变量 序号 + 1) 项)
        将 成绩 的第 (变量 序号 + 1) 项替换为 (成绩 的第 (变量 较大数) 项)
    将 序号 增加 1
```

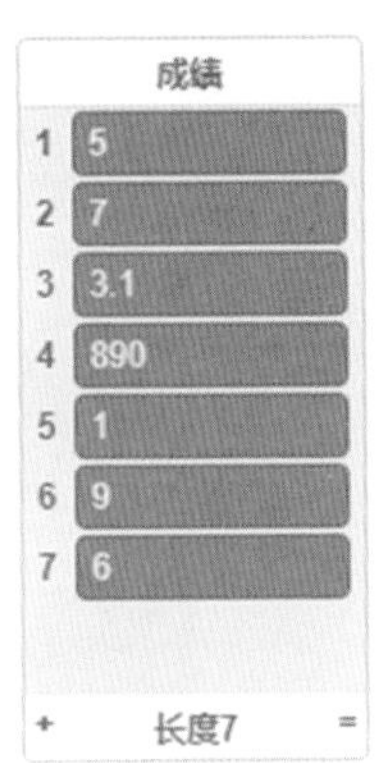

比较的方法

列表的第一项值是 5，第二项值是 7，因为第一项的值比第二项的值小，所以不需要交换位置。

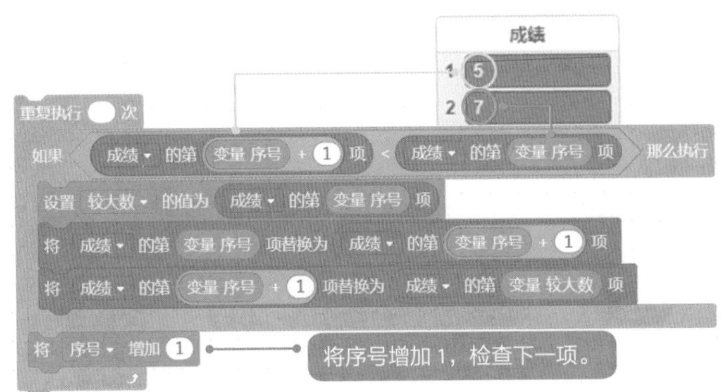

序号增加 1

序号增加 1 后，现在进行列表的第二项与第三项的比较，第二项的值是 7，第三项的值是 3.1，显然第二项的值大于第三项的值，所以需要进行交换，这个时候，之前我们建立的中转变量就发挥作用了，其交换的过程如下图所示。

第一步：将第二项的值 7 复制到临时变量中。

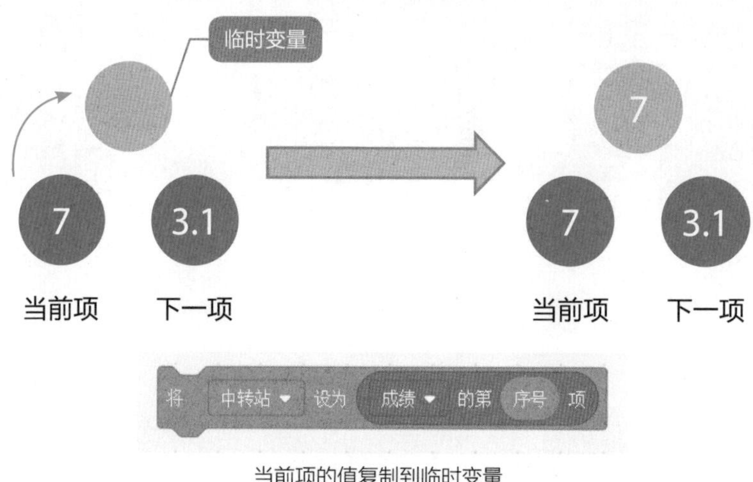

当前项的值复制到临时变量

第二步：将下一项的值 3.1 替换第二项的值，此时当前项和下一项的值都是 3.1。

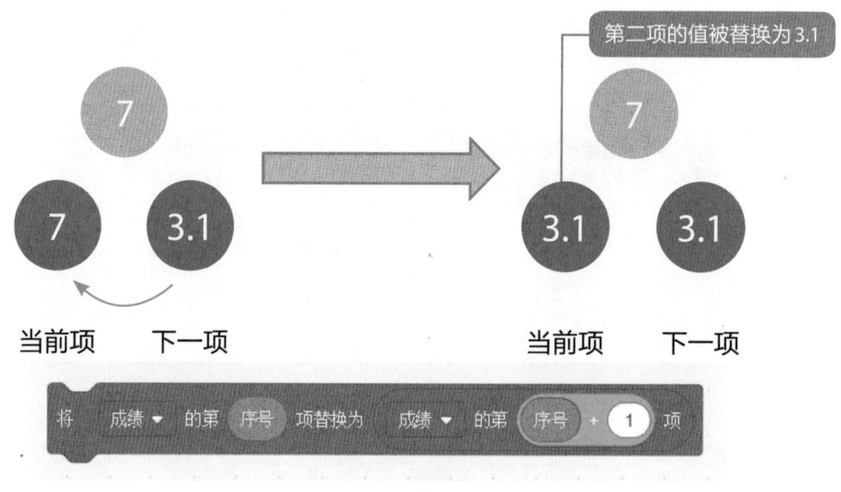

下一项替换当前项

第三步：将临时变量里的值 7 替换下一项的值。

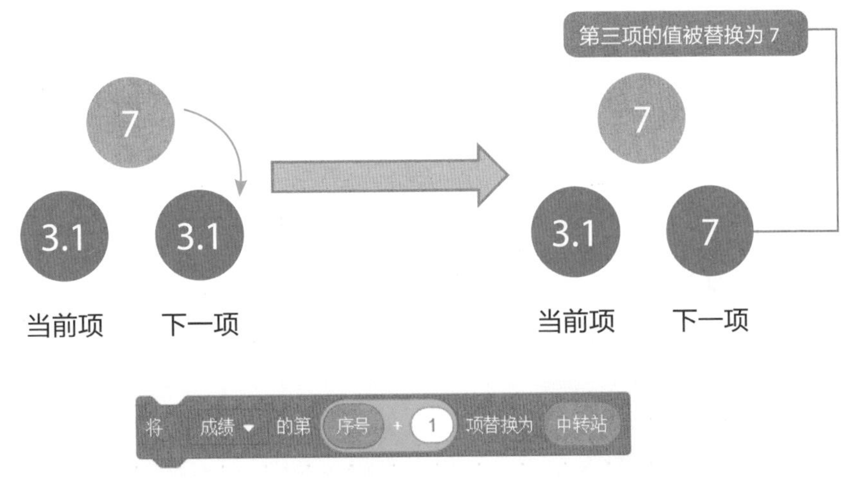

临时变量的值替换下一项

对比第一步和第三步，通过这个临时变量，我们巧妙地实现了列表值的互换。

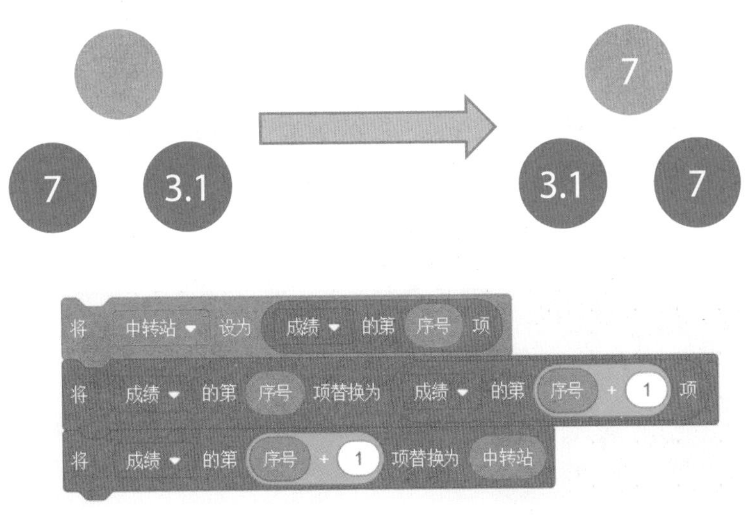

列表值的互换完成

究竟该重复多少次呢？和比武一样，总不能自己和自己比呀，所以需要重复【成绩的项目数】减去 1 次，如下图所示。

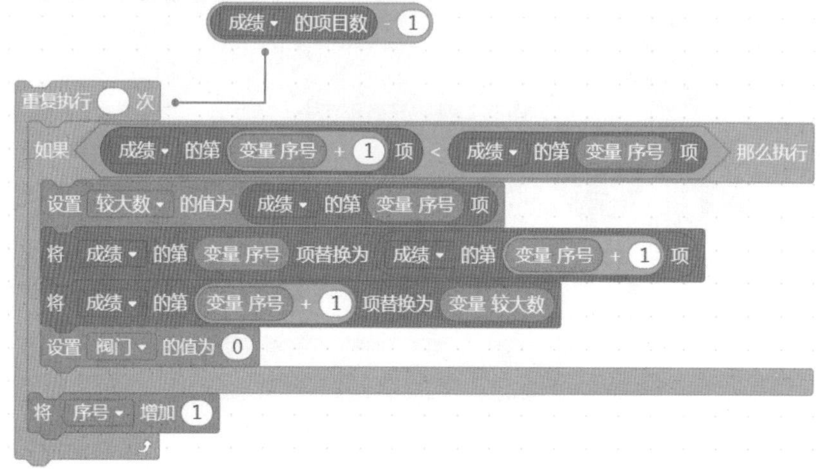

重复次数的设置

这样，我们已经实现了第1轮的冒泡（列表第一项）。接下来还要进行第2轮，第3轮……还有其他的好办法吗？嗯，我们可以再增加一个外循环的重复执行积木，进行外循环，外循环的次数就是成绩的项目数，如下图所示。

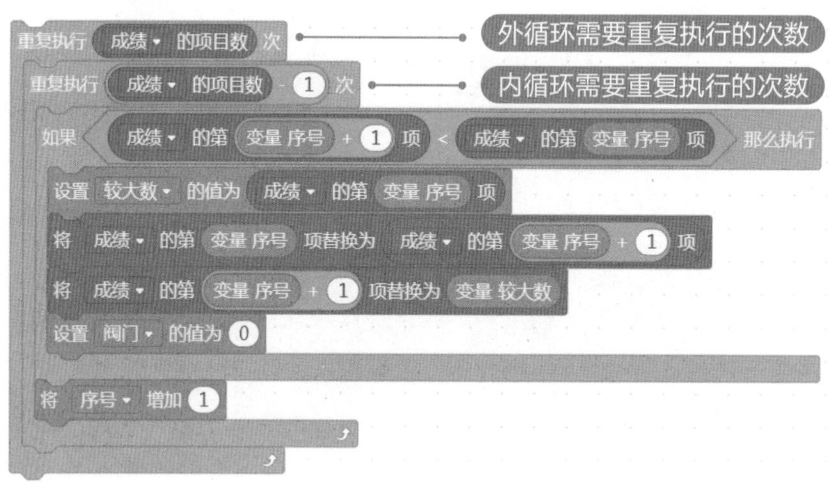

完整程序

赶快来运行一下，相信你一定成功地完成排序了吧，恭喜你！不过需要提醒你的是，这个过程还不是最优化的。

想一想

让我们回忆一下，在手动冒泡的过程中，你可能都没有在意一个重要操作，那就是在手动排序中，当数值的顺序是以下状态：1、3.1、5、6、7、9、890 时，已经符合从小到大排列的要求了，自然就不用再排序了。可是对于程序来说，它可不会停止运行，而是直到重复执行完所有的内外循环才停止。

冒泡程序的优化

让我们再来玩一个游戏，请你把以下数值按从小到大排序，你会怎么办呢？

排序的数

用目光扫视了一遍数值后，你一定会转过头，疑惑地看着我，然后问：“不是已经排好了吗？为什么还需要重新排序呢？”，回顾这个过程，当你的目光扫视的同时，大脑发现已经是有序的数列，就会立即结束工作，这是因为人类大脑的潜意识在进行判断。这个判断就像一个阀门，当排序不符合要求时，就需要打开阀门去执行排序操作；而当排序已经符合要求时，阀门就自动关闭，不需要再做任何操作了。这对于人来说非常自然，甚至都没有感觉到。但对于计算机来说，拥有潜意识却太难了。

现在，我们也可以尝试给程序设计一个阀门，用来实现判断的功能。新建一个变量，取名为【阀门】，用来模拟阀门的开关。

新建变量

新变量名：

阀门

◉适用于所有角色 ○仅适用于当前角色

取消 确定

新建【阀门】变量

阀门的值是一个布尔值型数据，1 代表关闭，0 代表开启。

阀门的值为布尔值型数据

程序优化后，如下图所示，是否还需要继续排序，由阀门的值来决定，比之前的程序更加智能了。我们来看看阀门是如何工作的吧。刚开始，将阀门的初始值设为 0，表示开启阀门。接下来程序会检查是否需要排序，如果需要排序则打开阀门；如果不需要，就关闭阀门，结束排序并报告说：“完成冒泡排序”。这样就避免了之前无论怎样都会“暴力”排序的情况。最终程序如下图所示。

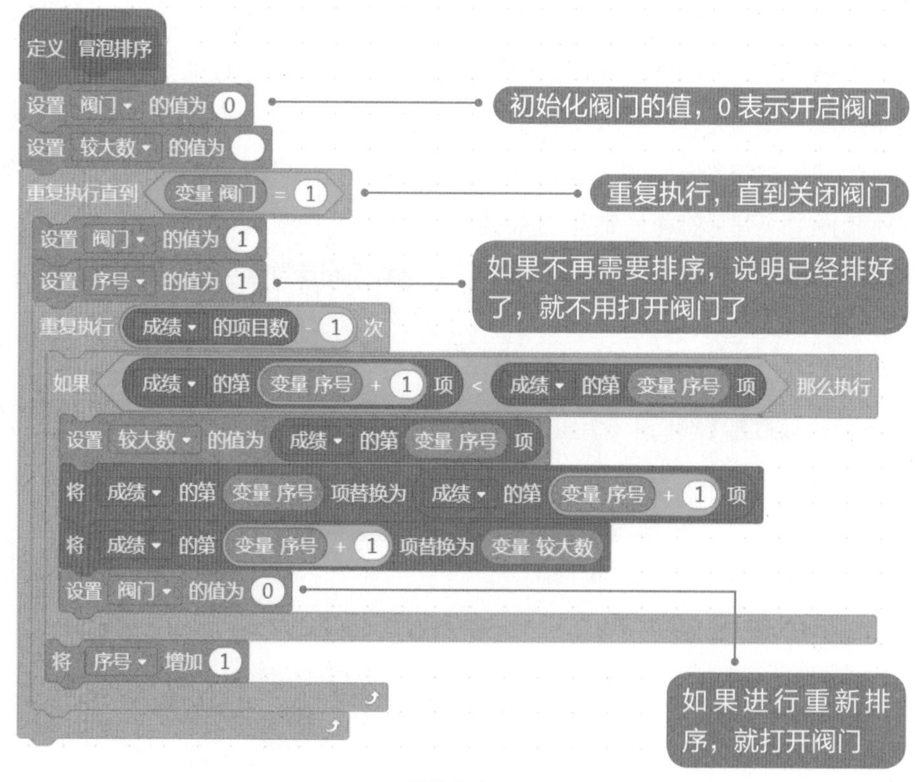

最终程序

选择排序法

下面我们再来学习一种排序方法——选择排序法（配套视频 37）。

选择排序法的原理

和冒泡排序法不同的是，选择排序法在比较的过程中，不需要马上交换位置，而是每次在整列数值比较完成后，找到里面最小（或者最大）的值，然后再做交换。

假定第一项数值为最大，通过整列比较后，交换最小值与假定值的位置。

这一次，我们先准备两个变量【数列最小值的序号】和【数列下一项序号】，分别用来存储当前的最小值和将要比较的下一项值。再建立一个变量【轮次】，用来记录比较过程的轮次。初始化以上三个变量。怎样初始化呢？因为从数列的第一项开始，假定当前第一项的值是数列中的最小值，也就是说数列最小值的序号现在是 1。

```
变量 轮次
变量 数列最小值的序号
变量 数列下一项序号
变量 中转站
```

```
设置 轮次 ▾ 的值为 (1)
设置 数列最小值的序号 ▾ 的值为 (变量 轮次)
设置 数列下一项序号 ▾ 的值为 ((变量 轮次) + (1))
设置 中转站 ▾ 的值为 ( )
```

选择排序过程的计算模拟

现在我们来模拟选择排序的过程。请注意：与冒泡排序不同，选择排序是先通过比较找到最小值，在数列没有比较完成之前，不交换位置。

轮次 1 的第 1 次：第一项和第二项比较。第一项的值为 5，第二项的值为 8，第一项的值比第二项的值小，所以数列最小值的序号保持为第一项，仍然是 1。

轮次： 数列最小值的序号： 数列下一项序号：		轮次：1 数列最小值的序号：1 数列下一项序号：2		轮次：1 数列最小值的序号：1 数列下一项序号：3
		第 1 次处理中		第 1 次处理后
序号	初始状态	比较前	比较后	处理后状态
1	5	5	5	5
2	8	8	8	8
3	3.1	3.1	3.1	3.1
4	890	890	890	890
5	1	1	1	1
6	9	9	9	9
7	6	6	6	6

轮次 1 的第 2 次：第一项和第三项比较。第一项的值为 5，第三项的值为 3.1，第一项的值比第三项的值大，序号发生变化，数列最小值的序号变成 3，数列下一项序号变成 4。

轮次 1 数列最小值的序号 1 数列下一项序号 3		轮次 1 数列最小值的序号 1 数列下一项序号 3		轮次 1 数列最小值的序号 3 数列下一项序号 4
		第 2 次处理中		第 2 次处理后
序号	初始状态	比较前	比较后	处理后状态
1	5	5	5	5
2	8	8	8	8
3	3.1	3.1	3.1	3.1
4	890	890	890	890
5	1	1	1	1
6	9	9	9	9
7	6	6	6	6

轮次 1 的第 3 次：第三项和第四项比较。第三项的值为 3.1，第四项的值为 890，第三项的值比第四项的值小，数列最小值的序号继续保持 3，数列下一项序号变成 5。

轮次 1 数列最小值的序号 3 数列下一项序号 4		轮次 1 数列最小值的序号 3 数列下一项序号 4		轮次 1 数列最小值的序号 3 数列下一项序号 5
		第 3 次处理中		第 3 次处理后
序号	初始状态	比较前	比较后	处理后状态
1	5	5	5	5
2	8	8	8	8
3	3.1	3.1	3.1	3.1
4	890	890	890	890
5	1	1	1	1
6	9	9	9	9
7	6	6	6	6

轮次 1 的第 4 次：第三项和第五项比较。第三项的值为 3.1，第五项的值为 1，第三项的值比第五项的值大，数列最小值的序号变成 5，数列下一项序号变成 6。

轮次 1 数列最小值的序号 3 数列下一项序号 5		轮次 1 数列最小值的序号 3 数列下一项序号 5		轮次 1 数列最小值的序号 5 数列下一项序号 6
		第 4 次处理中		第 4 次处理后
序号	初始状态	比较前	比较后	处理后状态
1	5	5	5	5
2	8	8	8	8
3	3.1	3.1	3.1	3.1
4	890	890	890	890
5	1	1	1	1
6	9	9	9	9
7	6	6	6	6

轮次 1 的第 5 次：第五项和第六项比较。第五项的值为 1，第六项的值为 9，第五项的值比第六项的值大，数列最小值的序号保持 5，数列下一项序号变成 7。

轮次 1 数列最小值的序号 5 数列下一项序号 6		轮次 1 数列最小值的序号 5 数列下一项序号 6		轮次 1 数列最小值的序号 5 数列下一项序号 7
		第 5 次处理中		第 5 次处理后
序号	初始状态	比较前	比较后	处理后状态
1	5	5	5	5
2	8	8	8	8
3	3.1	3.1	3.1	3.1
4	890	890	890	890
5	1	1	1	1
6	9	9	9	9
7	6	6	6	6

轮次 1 的第 6 次：第五项和第七项比较。第五项的值为 1，第七项的值为 6，第五项的值比第七项的值小，数列最小值的序号保持 5，第一轮执行完毕。至此内部的轮次 1 的 6 次比较完成，找到列表中的最小值，按照规则进行对调。

轮次 1 数列最小值的序号 5 数列下一项序号 6		轮次 1 数列最小值的序号 5 数列下一项序号 6		轮次 1 数列最小值的序号 5 数列下一项序号
		第 6 次处理中		第 6 次处理后
序号	初始状态	比较前	比较后	处理后状态
1	5	5	5	1
2	8	8	8	8
3	3.1	3.1	3.1	3.1
4	890	890	890	890
5	1	1	1	5
6	9	9	9	9
7	6	6	6	6

依此类推，直到完成所有的排序。你有没有发现，在进行第 2 轮排序的时候，我们不用再关心列表的第 1 项了呢？也就是说，这轮排序只需要进行 5 次。同样的道理，下轮只需要进行 4 次，再下轮只需要进行 3 次，再下一轮只需要进行 2 次。

整体程序如下图所示，相信这一次，你已经完全明白其中的逻辑了吧。

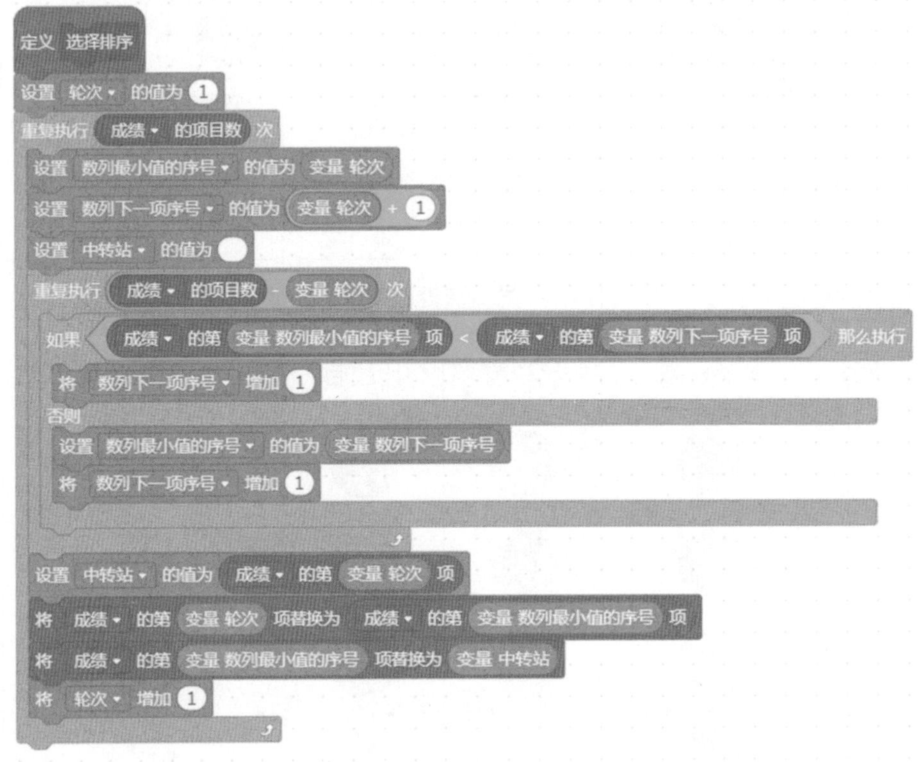

插入排序法

我们把 6 个不同身高的小朋友请到现场，他们手中的牌子上写着各自的身高值（单位是米），现在让我们利用插入排序法，帮助他们由矮到高进行排序（配套视频 38）。

6 个身高不同的小朋友

插入排序法的原理

将数据分成两部分，分别为有序组与待插入组。每次从待插入组中取出一个元素与有序组的元素进行比较，找到合适的位置后，将该元素插入到有序组中，每次插入一个元素，有序组增加 1，待插入组减少 1，直到待插入组元素个数为 0，完成排序。

插入排序法的算法逻辑

在开始排序前，我们先来做一些准备工作。首先在每个人的前面放上位置牌，通过位置牌给身后的小朋友编号，如下图所示。

需要排序的数列

首先将左起的两位进行比较，将小朋友们分成两个部分，分别是已排序数列和待处理数列。先来排 1 号小朋友和 2 号小朋友，他们的身高分别是 1.5 米和 1.6 米，因为符合从小到大的要求，所以位置保持不变，他们形成已排序数列，后面的部分称为待处理数列。

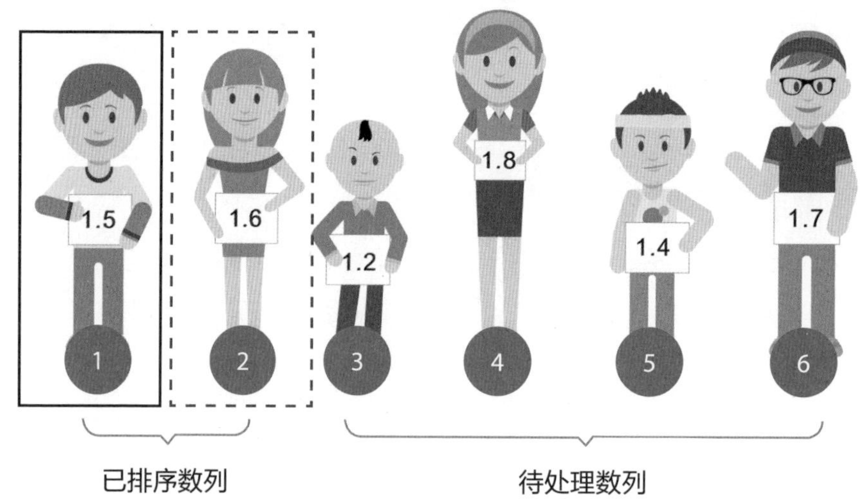

将数列分为两个部分

接下来，处理【待处理数列】，该数列的左起第一个是 3 号小朋友，身高是 1.2 米，再看前面的数列，2 号小朋友身高是 1.6 米，1 号小朋友身高是 1.5 米。

现在我们将 3 号小朋友插入到最合适的位置，整个队伍的顺序发生了变化，新的位置如下图所示。

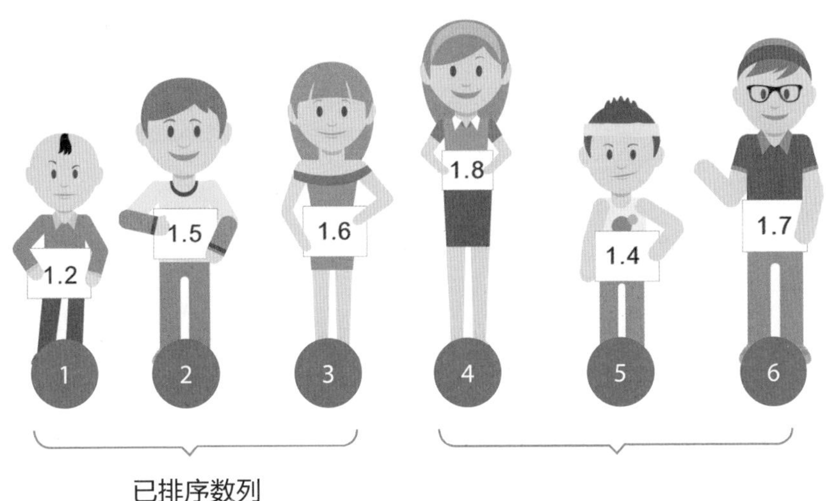

新的已排序数列

排序继续，接下来对 4 号小朋友进行排序，将 4 号小朋友的身高和已排序数列进行比较。

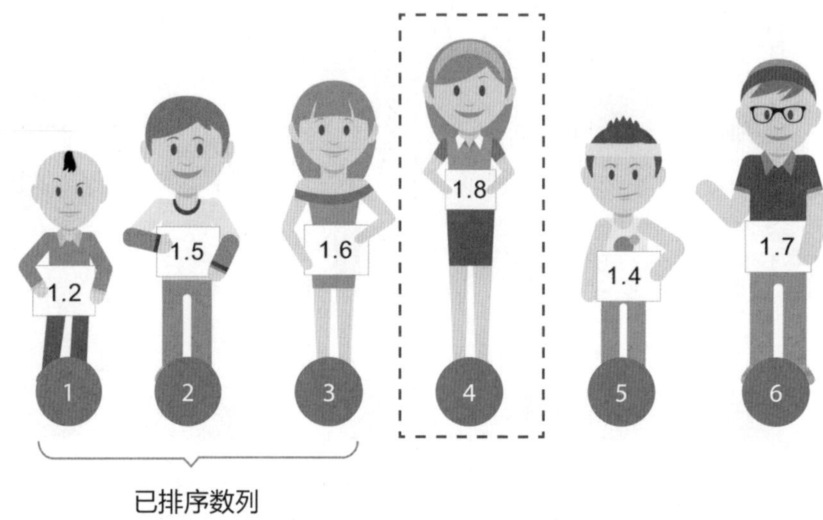

4 号小朋友的身高是 1.8 米，3 号小朋友的身高是 1.6 米，符合从小到大的要求，所以位置不变，而这时 4 号小朋友也进入了已排序数列。

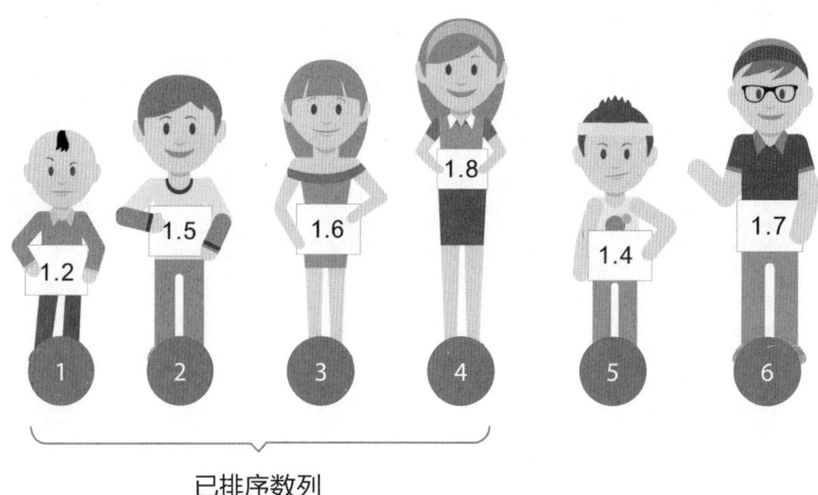

接下来，我们需要对 5 号小朋友进行排序，将他的身高和左边已排序数列进行比较，找到最适合的位置。最合适的位置是 1 号小朋友和 2 号小朋友之间。

将 5 号小朋友插到新位置后，队列又发生了变化，如下图所示。

已排序数列

我们不难发现，随着排序的进行，已排序数列的数越来越多，待处理数列的数越来越少，目前只剩一个了。我们只需要用同样的方法处理就可以了。

已排序数列

排序完成

插入排序法的初始化

明白了插入排序法的原理后，现在让我们进入 Mind+，将算法原理通过程序来实现（配套视频 39）。首先，我们新建一个列表，取名为身高，并导入相应的数据。

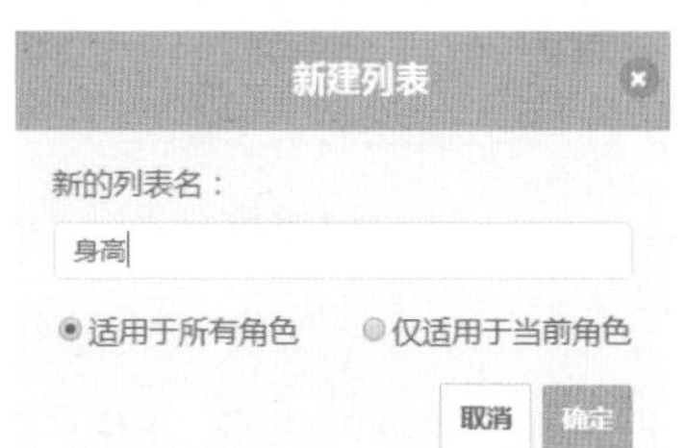

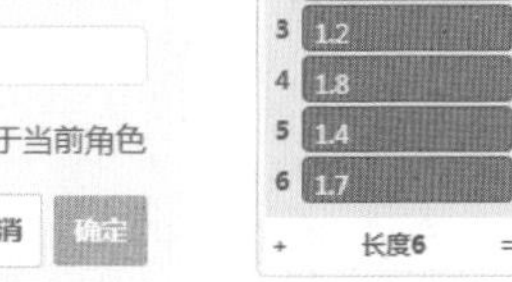

新建列表并导入数据

新建两个变量【已排序】和【待处理】，用来存储已排序的数据和待处理的数据，如下图所示。

新建变量
新变量名：
已排序
适用于所有角色 仅适用于当前角色
取消 确定

新建变量
新变量名：
待处理
适用于所有角色 仅适用于当前角色
取消 确定

已排序 待处理

将第 1 项作为基准值与第二项比较。将 已排序 变量的值设置为 1， 待处理 变量的值设置为 2，随着排序的进行，待处理数列逐步变成已排序数列，这个过程重复执行到待处理数列中的最后一个数据处理完成，排序结束。

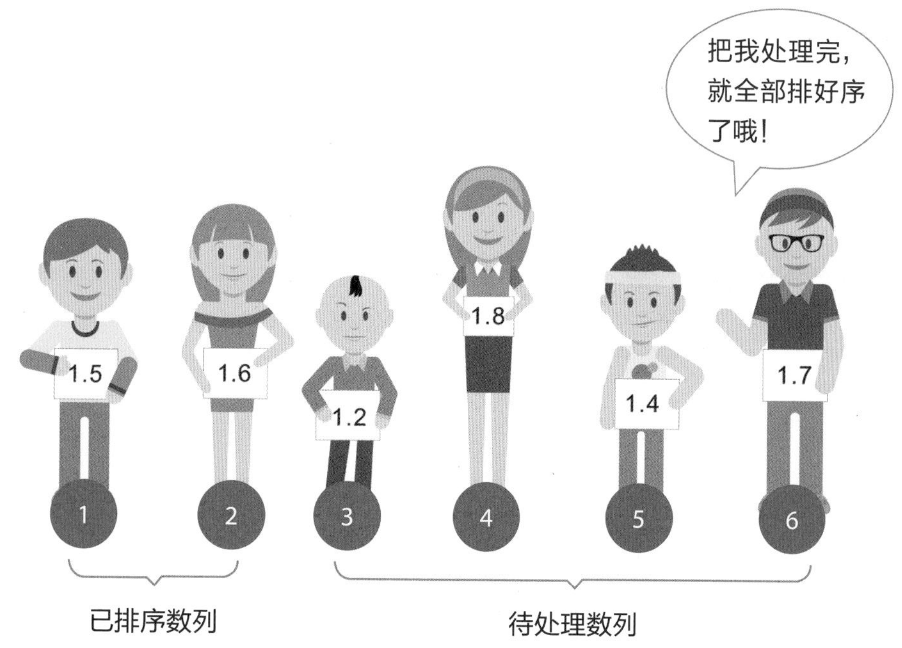

排序结束的条件

用程序化的语言来描述上面的过程，就是当待处理项的序号大于列表的项目数时完成排序，程序脚本如下图所示。

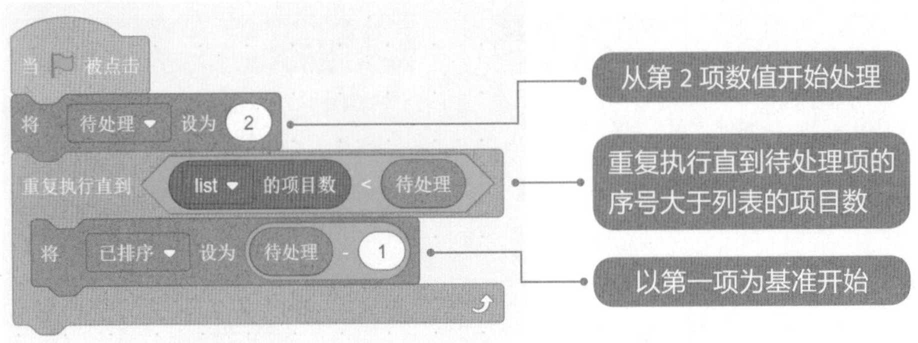

现在，我们来编写列表中的待处理数据的插入程序，通过内外循环完成插入排序。

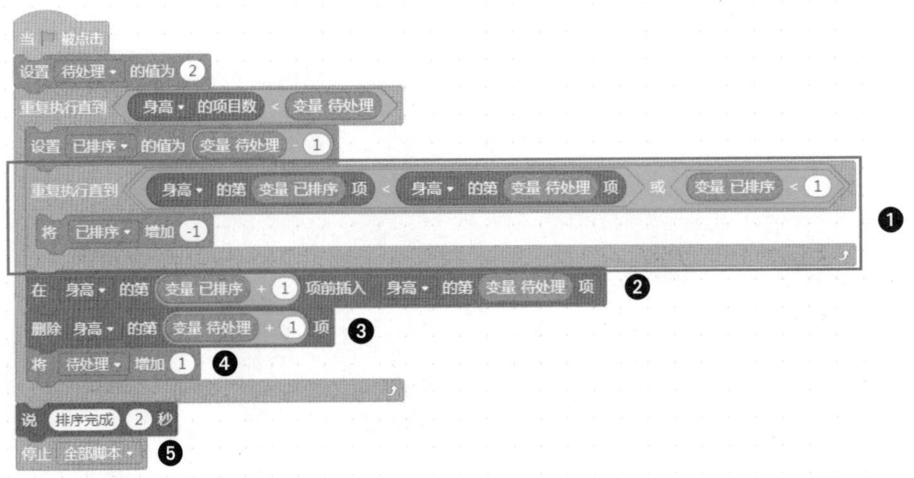

❶ 重复执行的条件：寻找已排序数列里比自己大且最小的数。❷ 找到这个数后，将自己插入到该数的前面。❸ 删除待处理数列里原来的数。❹ 将待处理项增加 1，处理下一个数。❺ 排序完成后报告，并结束脚本程序。

快速排序法

快速排序法的原理

通过第一次排序，将要排序的数据分割成独立的两部分，其中一部分的所有数据都比另外一部分的所有数据小，然后再按此方法对这两部分数据分别进行快速排序，整个排序过程可以递归进行，直到所有数据变成有序序列（配套视频40）。

快速排序法过程的计算模拟

上面的那段话读起来是不是有些难理解呢？别担心，让我们把上面的话翻译成游戏语言，来玩一个地下寻宝的游戏。假设地下埋着 5、8、31、3、4、98、56 这些数字，这些数字在遇到探测器时，如果符合我们设定的某种规则，就会发生奇妙的变化，究竟是怎么回事呢？

假设有左右两位探索者。左边的称为左探索者，右边的称为右探索者。他们现在手里拿着探测器，分别站在道路的两端。

现在，我们任意取一位数为基准数，假设就取左边第一位数 5 作为基准数。接下来，让右边的探索者先从右往左探索，直到探索到一个比基准数小的数字，然后等待左边的探索者出发。

左探索者从左向右探索，寻找比基准数大的数字，然后停下脚步。

如果双方都找到了符合要求的数字，那么他们脚下的数字就会神奇地进行互换，如下图所示。

游戏继续，右探索者继续往左搜索，直到发现下一个比基准数小的数字，然后停下来。

左探索者继续从左向右探索，寻找到下一个比基准数大的数字，然后也停下脚步。

这时他们脚下的数字又神奇地进行了互换。

同样，右探索者又继续往左寻找，不过就在这时，他和左探索者碰到了一起。当他们碰到一起时，他们脚下的数字和基准数又神奇地进行了互换。

请观察一下他们脚下的数字。会发现作为基准值的 5 已经把整个数列分成了两个部分，左边的绿色部分都是比 5 小的数字，右边的棕红色部分都是比 5 大的数字。接下来，两位探索者将分别再对这两部分进行排序。我们再仔细看看左边，已经是从小到大了，但是右边还是混乱的。这个时候，两个探索者又分别从棕红色部分的左右起始处开始探索。

规则还是一样，下面请你来模拟一下他们的探索和互换过程吧。

左
右

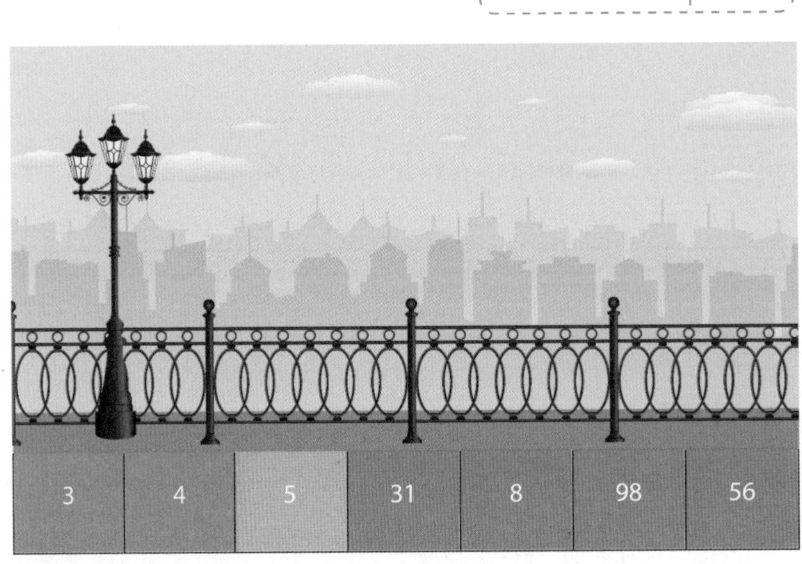

游戏已经完成。现在我们对快速排序法的规则进行总结，一共有几条规则呢？请你先自己总结一次吧。

规则 1：选定一个数作为基准数。

规则 2：右探索者从右向左开始查找，直到找到比基准数小的数字或者与左探索者相遇。

规则 3：左探索者从左向右开始查找，直到找到比基准数大的数字或者与右探索者相遇。

规则 4：双方查找到符合要求的数字后，互换查找到的数字。

规则 5：如果左右探索者相遇，则互换相遇的数字和基准数，将数列分为两个部分，分别是比基准数小的部分和比基准数大的部分。

规则 6：重复以上规则，直到完成全部排序。

快速排序法的初始化

我们新建两个变量，分别取名为【左探索者】、【右探索者】，新建列表名为【数字】，如下图所示（配套视频 41）。

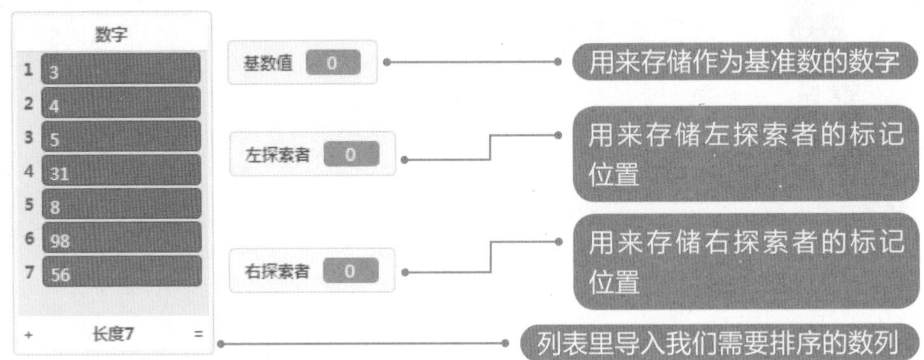

制定排序规则：按照之前总结出来的排序规则，用程序来逐步实现。

规则 1：选定一个数作为基准数。

我们将列表的第一项设置为基准数，并且把两个探索者的变量分别指定为左起第一项和右起第一项。

规则 2：右探索者从右向左开始查找，直到找到比基准数小的数字或者与左探索者相遇。

规则 3：左探索者从左向右开始查找，直到找到比基准数大的数字或者与右探索者相遇。

```
重复执行直到 <<(数字▾ 的第 (变量 左探索者) 项) > (变量 基数值)> 或 <(变量 左探索者) = (变量 右探索者)>>
    将 左探索者▾ 增加 (1)
```

规则 4：双方查找到符合要求的数字后，互换查找到的数字。

只要左探索者和右探索者都按照各自的规则查找到了数字，那么这时就需要双方互换自己找到的数字。在之前的课程中我们已经讲到过，两两互换需要一个中间临时变量，所以这一步需要新建一个名为【中转站】的变量，便于完成互换。

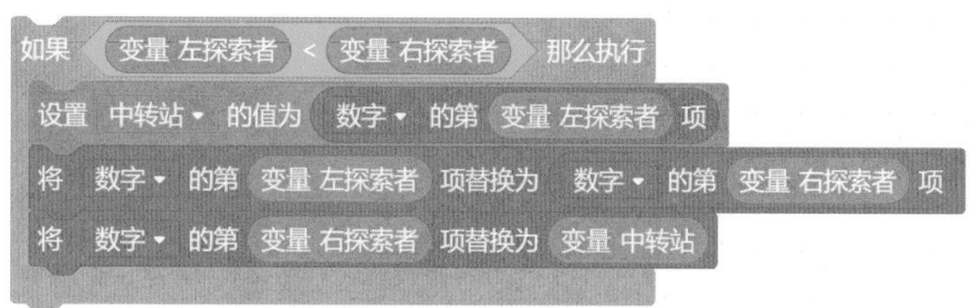

在进入规则 5 之前，我们还需要思考一个问题，左右探索者在进行探索的过程中，会重复探索多少次呢？先写下你的想法。

思考以后，我们发现：这个探索与互换的过程是不确定的，数据量越大，探索与互换的过程就越多。但是我们却可以判断它的结束状态，标准就是左右探索者有没有相遇。所以，可以通过增加检测判断积木来实现重复次数的设定，程序如下图所示。

```
设置 基数值 的值为 数字 的第 变量 基数值 项
设置 左探索者 的值为 数字 中第一个 数字 的第 1 项 的编号
设置 右探索者 的值为 数字 的项目数
重复执行直到 < 变量 左探索者 = 变量 右探索者 >
    重复执行直到 < < 数字 的第 变量 右探索者 项 < 变量 基数值 > 或 < 变量 左探索者 = 变量 右探索者 > >
        将 右探索者 增加 -1
    重复执行直到 < < 数字 的第 变量 左探索者 项 > 变量 基数值 > 或 < 变量 左探索者 = 变量 右探索者 > >
        将 左探索者 增加 1
    如果 < 变量 左探索者 < 变量 右探索者 > 那么执行
        设置 中转站 的值为 数字 的第 变量 左探索者 项
        将 数字 的第 变量 左探索者 项替换为 数字 的第 变量 右探索者 项
        将 数字 的第 变量 右探索者 项替换为 变量 中转站
```

上面的程序里，我们已经考虑了左右探索者相遇前的各种可能，所以不用再担心数据量的大小，只要按照规则来进行即可。

规则 5：如果左右探索者相遇，则互换相遇的数字和基准数，将数列分为两个部分，分别是比基准数小的部分和比基准数大的部分。

```
将 数字 的第 1 项替换为 数字 的第 变量 左探索者 项
将 数字 的第 变量 左探索者 项替换为 变量 基数值
```

按照上面的规则，我们能够实现以基准数为准，将数列分为两个部分，分别是比基准数小的左半部分和比基准数大的右半部分。但如果这次划分后，左右两部分中还有乱序，那又该怎么办呢？让程序再按照上面的规则对左半部分和右半部分进行排序，直至实现数值从小到大依次排列，达到最终目的。

在第一次排序后存在一个确定因素和一个不确定因素。确定因素是之后要使用的方法是完全一样的；不确定因素是到底还需要重复多少次，每次的基准数是多少？要解决这些问题，我们需要学习程序的递归算法。

递归算法

别被这个专业术语吓着了，简单来说，递归算法就是程序自己执行自己（配套视频 42）。我们看下面这个最简单的例子，我们创建了一个自定义模块，它的功能非常简单，就是我们都听过的故事——从前有座山……如下图所示。

```
定义 老和尚的故事
说 从前有座山 2 秒
说 山里有座庙 2 秒
说 庙里有个老和尚 2 秒
说 他正在讲故事 2 秒
说 讲的故事是 2 秒
```

我们都听过这个笑话，这个笑话的笑点就是永无止境，因为它就是不断地重复一个故事。在上面的程序中，我们只需要在自定义模块的下面再增加一块同样的自定义模块，让程序自己调用自己，就完成了递归。点击绿旗，这个程序在讲完最后一句话后，就会重新调用自己，于是新的一轮故事就开始了。

```
定义 老和尚的故事
说 从前有座山 2 秒
说 山里有座庙 2 秒
说 庙里有个老和尚 2 秒
说 他正在讲故事 2 秒
说 讲的故事是 2 秒
老和尚的故事
```

面对永无止境的递归程序，难道我们就无法控制它了吗？当然不是，我们可以设置递归的结束条件。在自定义模块上单击鼠标右键，选择编辑，在弹出的制作新的积木对话框中，增加一个参数，这个参数会帮助我们控制程序的起始和结束。

目前，自定义模块就带有一个参数了。我们可以在主程序中把参数代入进去，为了方便观察，再加上一块说积木用来调试程序，程序除了会一直进行下去，也会记录讲故事的次数。

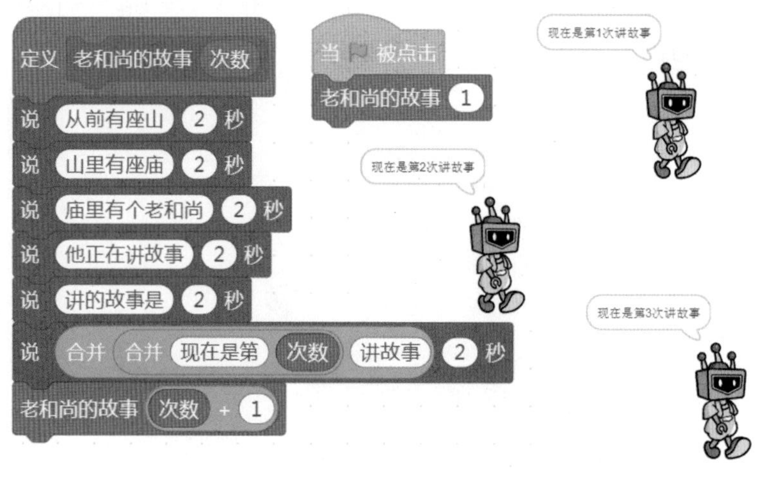

获取了次数的值以后，就可以对值设置控制条件，比如需要递归 10 次，程序如下图所示。

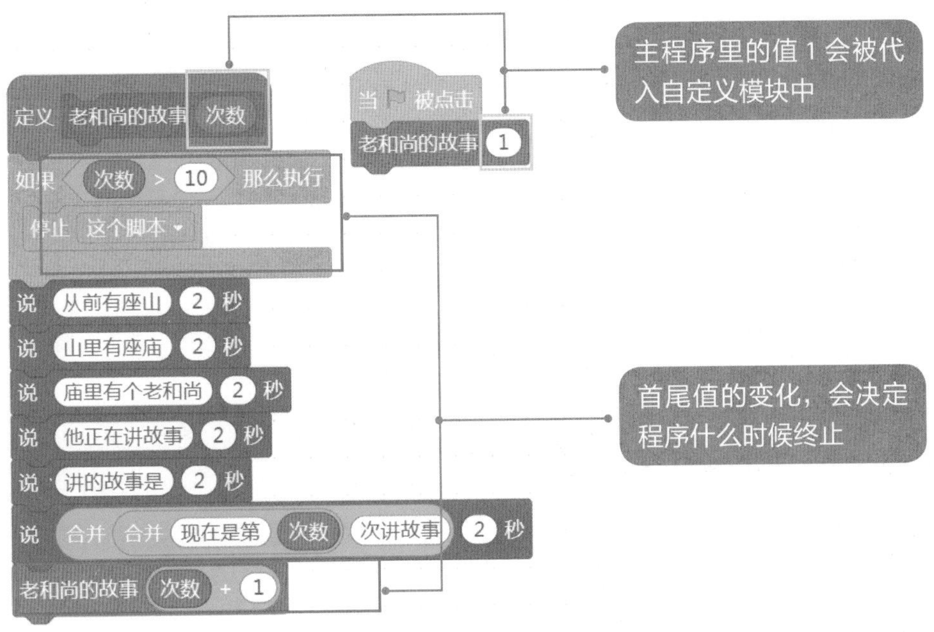

递归次数的控制

递归次数变得可控的方法是指定递归结束的条件，让不确定的因素变得确定。回到上面还未解决的问题中，就是用确定的方法来解决不确定的次数问题。

首先，我们添加一个自定义模块，设置两个参数，分别是【左探索者】和【右探索者】。

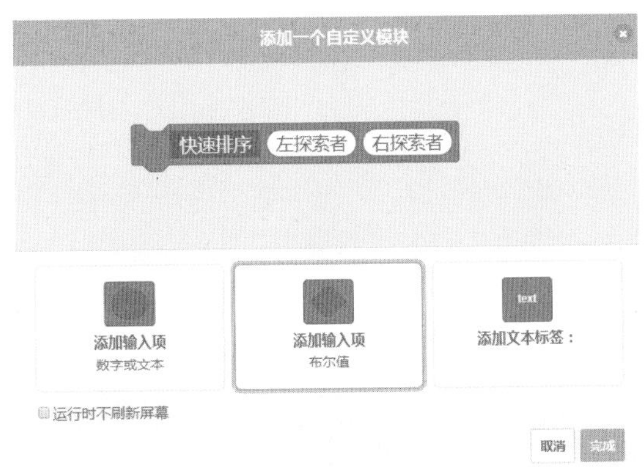

添加递归的参数

接下来，我们对原来的程序进行优化，每次排序完成后，形成新的左探索者和右探索者，程序如下图所示。

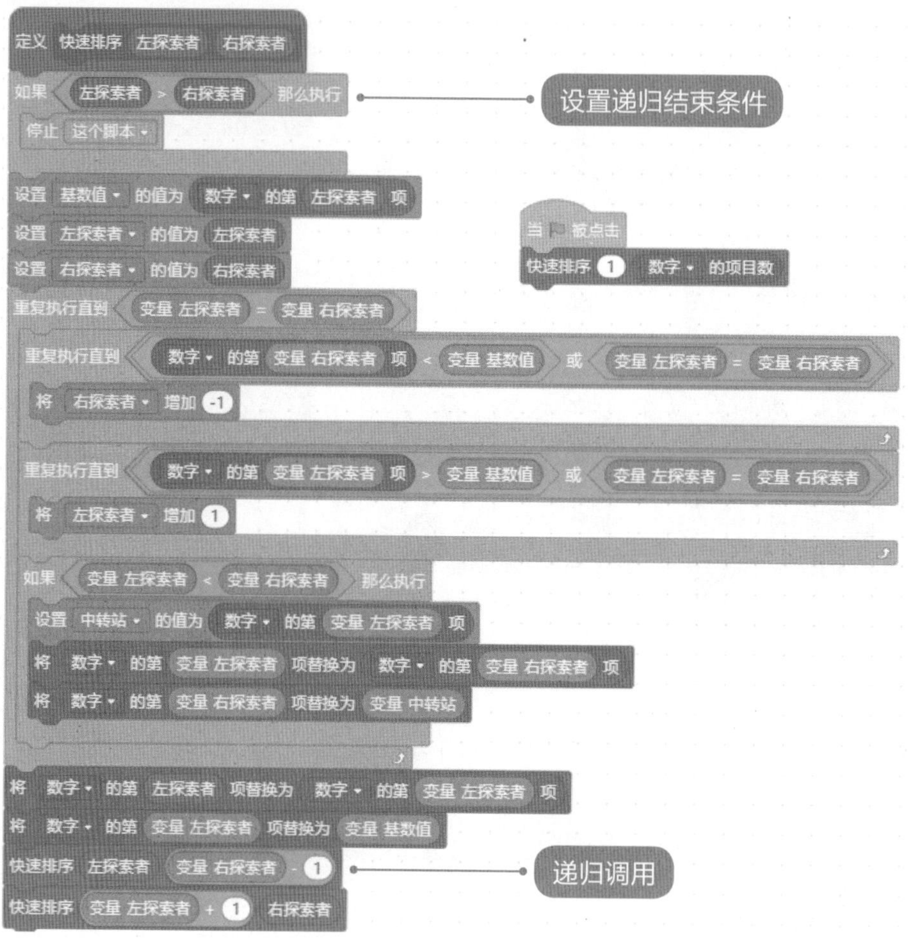

让数据可视化

数据可视化的概念

数据可视化主要指借助图形化手段，清晰有效地传达与沟通信息（配套视频 43）。它在我们的生活中无处不在，小到成绩分析图，大到星际探索，到处都充满着数据可视化的身影。

程序的开发流程

这是一家小型超市的销售报表，你能把数据用可视化的方式展现出来吗？（配套视频 44）

销售报表					
					单位：万元
月份	一月	二月	三月	四月	五月
销售额	5	5.6	3.4	7	9

将报表的数字化方式转化为可视化的方式，其实是一个简单的软件项目开发，我们有必要了解和总结一下项目开发的基本思路和流程。一般来说，一个项目的开发会有下表所示的几个流程。

需求分析	了解用户的需求，包括程序的界面设计、功能需求等
	界面的大小是 480×360，需要将数据转化为柱状图和折线图，方便形象地反映销售额和分析销售起伏
编写程序	采用适合的程序语言进行开发。如采用哪种数据结构，什么样的用户界面等
	采用 Mind+ 进行开发，利用画笔功能和绘图编辑器进行界面的设计
程序调试	对程序进行全方位的调试
	采用上面讲到的说积木法、代入法等进行调试
程序运行	正式投入使用，并收集问题
程序维护	在使用过程中，进行程序的升级和完善修正

回到我们的销售报表上，我们在充分了解需求后，开始进行程序设计。我们将采用多级列表的数据结构来开发。首先建立两个多级列表，分别用来存储月份和销售额。

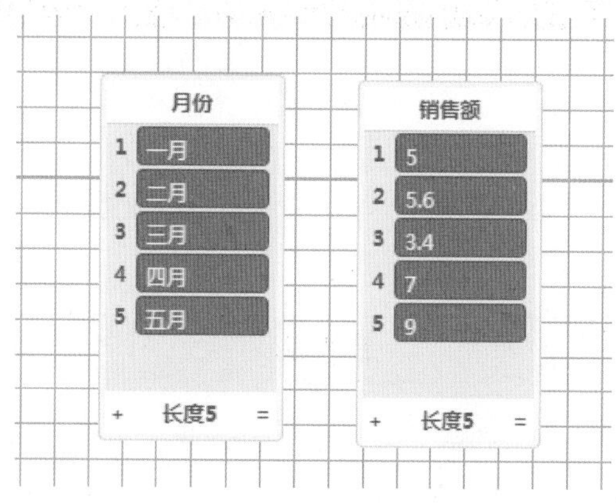

建立多级列表

程序界面的设计

接下来，我们要设计柱形图的可视化界面，需要综合考虑舞台的尺寸，柱形图的宽度、高度、间隔等问题。所以在开始正式编写程序之前，最好先绘制一个草图（设计稿），将尺寸计算出来，这样在设计程序时才能心里有数，如下图所示。

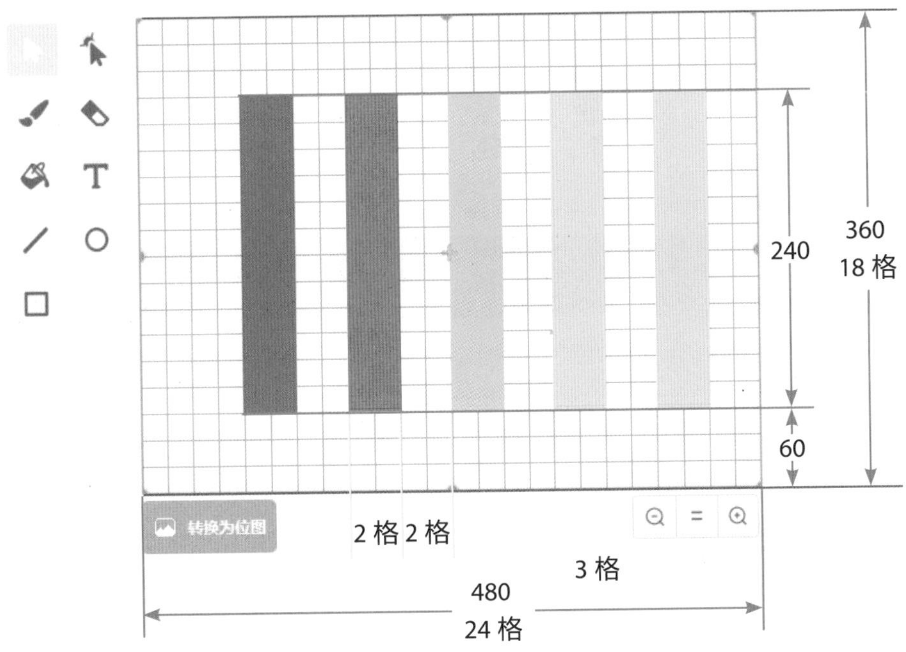

舞台中，水平方向一共有 24 个正方形小格，垂直方向一共有 18 个正方形小格。因为舞台的大小是 480 × 360，所以每个正方形小格的边长是 20。根据设计图可以得出：每个柱形的宽度为 40，间隔距离为 40，起始高度为 60，高度为 240，每个柱形的起始坐标如下图表所示。

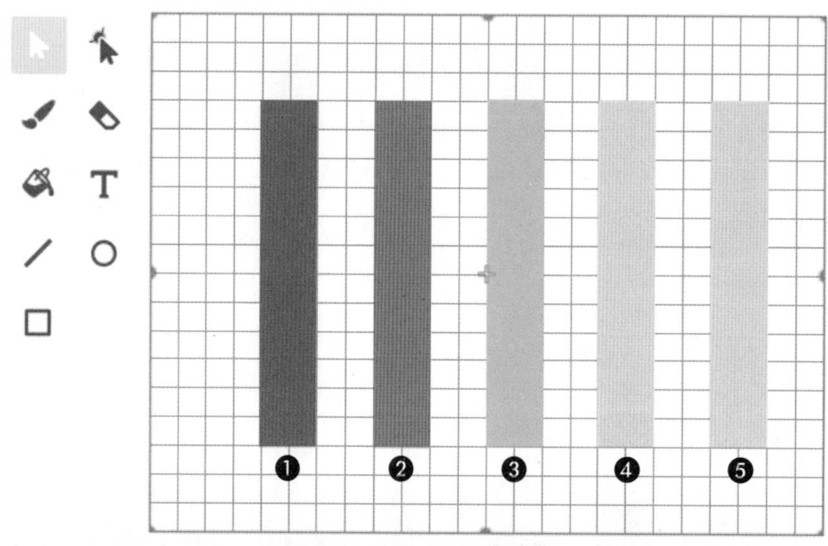

柱形 1	柱形 2	柱形 3	柱形 4	柱形 5
x: −160，y: −120	x: −80，y: −120	x: 0，y: −120	x: 80，y: −120	x: 160，y: −120

柱状图的绘制

有了这些基础数据后，我们就可以正式进行软件开发了（配套视频 45）。

新建一个【坐标】列表，用来存储 5 个柱状图的 X 轴的起始坐标值，将对应坐标值输入列表，再新建一个变量 n 用来遍历坐标值，如下图所示。

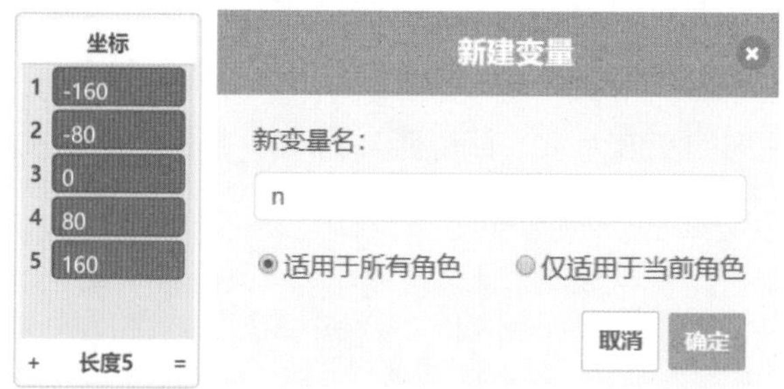

建立坐标列表和变量 n

进入【扩展】面板，增加绘画扩展模块，我们利用画笔来绘制柱状图。将画笔进行初始化设置，如颜色、粗细、方向。因为需要绘制 5 个月的数据，所以设置重复绘制的次数为 5 次。绘制柱状图时，将高度 240 平均分为 10 份，得到每一份的距离，然后再乘以每个月的销售额，就能得出该月的柱状图高度。

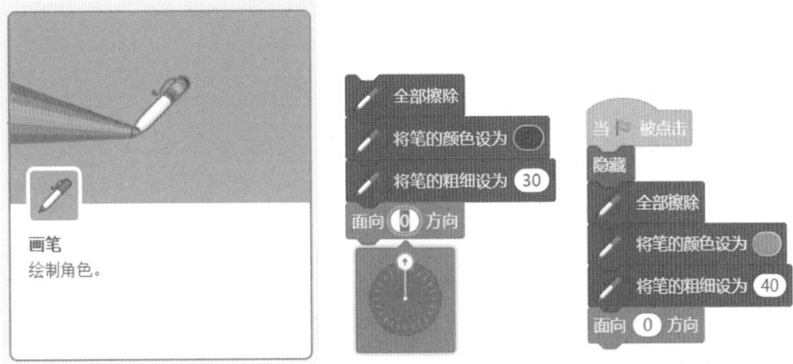

画笔初始化设置

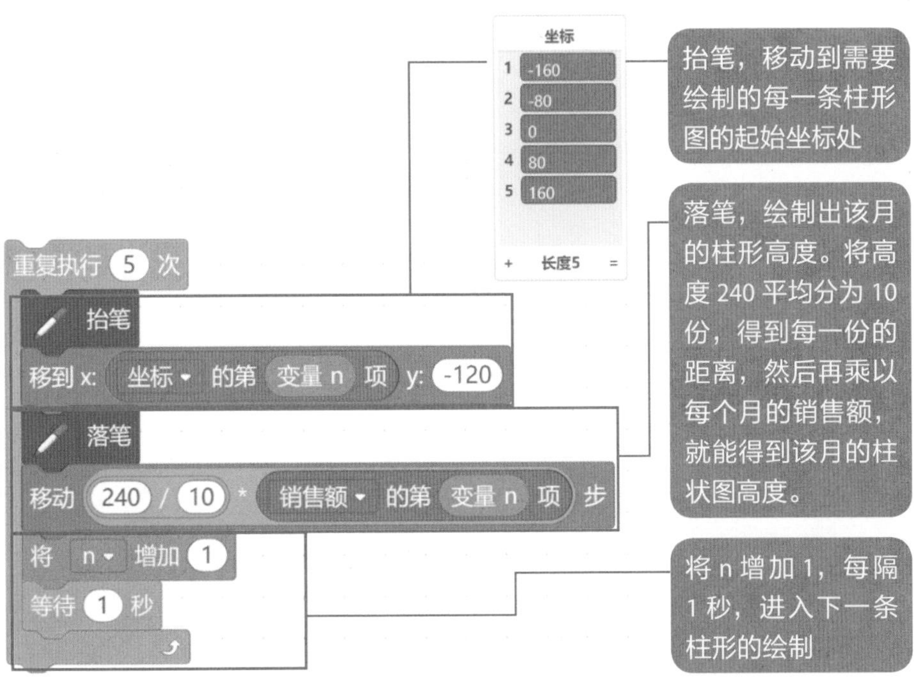

用画笔完成柱状图的绘制

运行一下程序，发现 5 个月的销售柱状图已经可以绘制出来了。我们再建立 5 个装饰图形，标注上月份后，将其放在柱状图的下方。这样做有两个好处：第一是明确该月的具体数值，第二是可以遮挡每个柱状图下方的圆弧线。

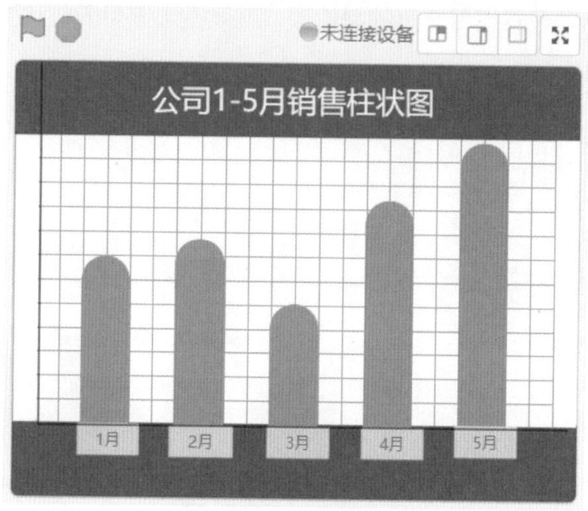

柱状图的绘制效果

小知识

因为 Mind+ 中的画笔是圆头的，所以画笔越粗时，绘制出来的线条的两端就会越圆润。

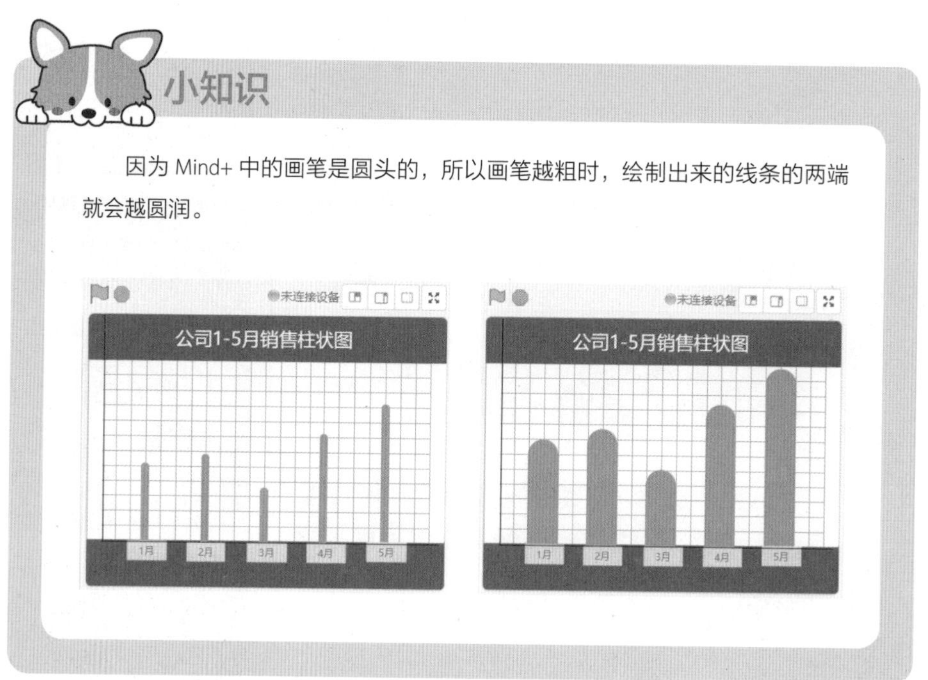

折线图的绘制

折线图的概念（配套视频 46）

邻居小孩小强找到你，希望你能帮他分析一下最近的学习成绩走势。小强是一位新入学的同学，他给了你一张成绩表，里面包括了最近 12 次语文考试全班的平均分和他自己的分数，如下表所示。

测试月份	语文	全班平均分
1 月	99	64
2 月	75	69
3 月	65	71
4 月	68	78
5 月	79	78
6 月	65	77
7 月	72	68
8 月	94	68
9 月	76	62
10 月	63	62
11 月	67	67
12 月	66	63

学习成绩走势适合用折线图来表现，那什么是折线图？折线图有哪些使用场景？相对于其他图形，它有什么优势？具体到这个问题中，如何用折线图来表现和分析？

折线图是能够反映数据的进度、趋势的图表。它主要有三个方面的优势：

- 用于趋势分析
- 用于强调进度
- 反映时间的变化

比如下面这一张天气预报的折线图，通过它，人们能很清楚地知道一天中气温最高是多少，每个时间的风向情况等信息。并且能够帮助我们预测天气情况，比如我问你 17 点时，气温大约是多少？相信你会从折线图中得到答案。

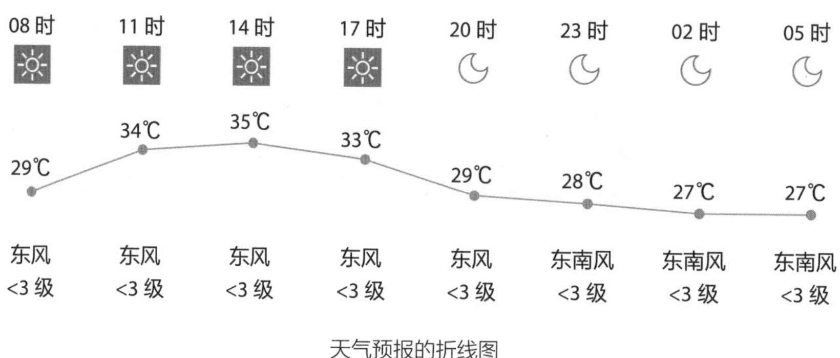

天气预报的折线图

下面，我们就用程序来制作小强的语文成绩的折线图。首先，我们需要设计出系统的界面图，如下图所示。

界面图

其次，我们建立两个列表【语文成绩】和【平均成绩】，将语文成绩和全班平均成绩分别导入。

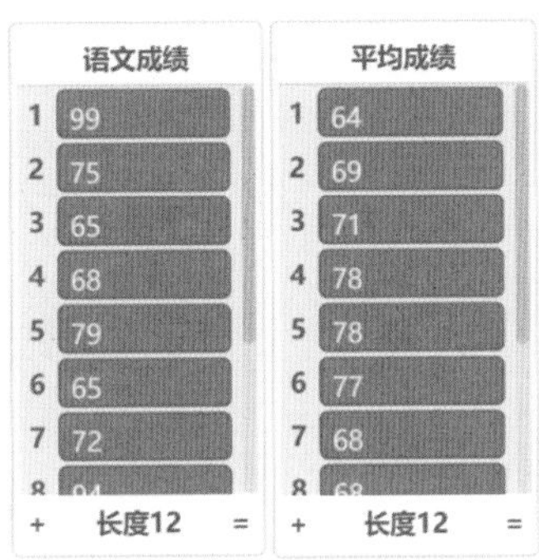

导入成绩数据

绘制折线图

在折线图中，我们需要用画笔绘制出每个节点之间的线段。为了突出每个节点，我们需要在节点处绘制一个圆点，如下图所示。你想到绘制圆点的方法了吗？

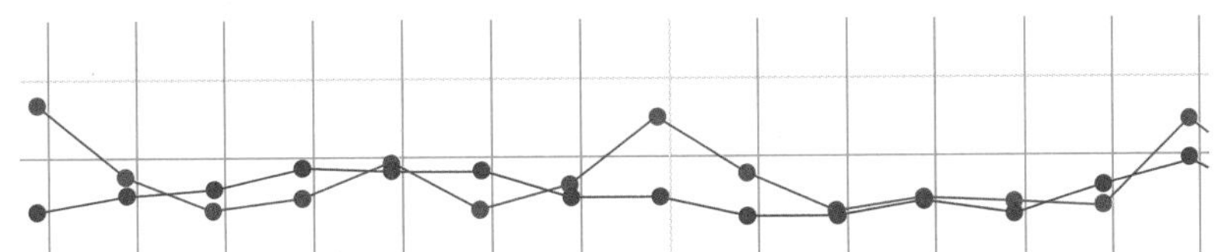

在绘制到节点时，将画笔稍微放大一些，然后再缩小还原到原来的大小，就能实现强调的效果。这个过程会反复使用，所以我们可以将其打包在一个自定义模块中，如下图所示。

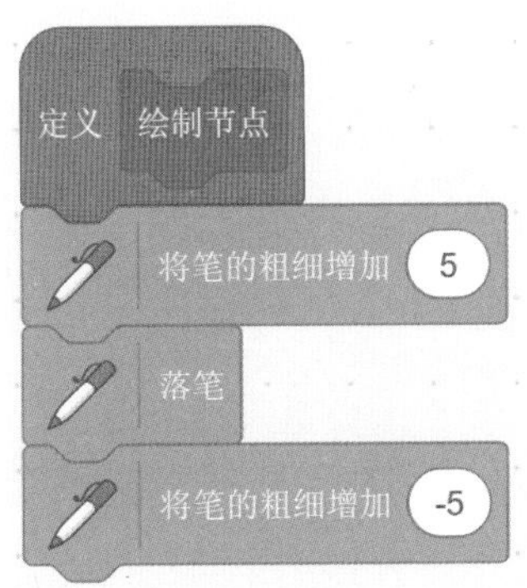

接下来，先逐一读取语文成绩列表和平均成绩列表，用画笔绘制出不同颜色的折线。先绘制出语文成绩的折线图，如下图所示。

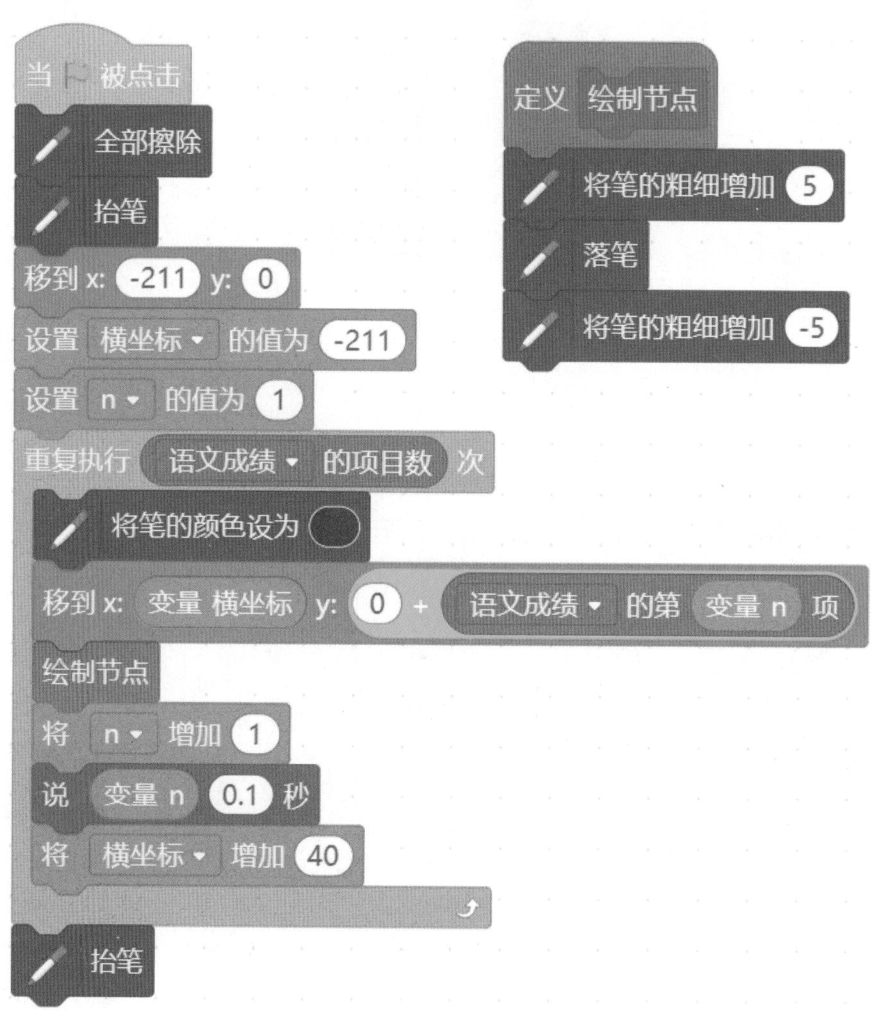

用同样的方式，绘制出平均成绩的折线图。为了区别两条折线，我们分别指定不同的颜色。

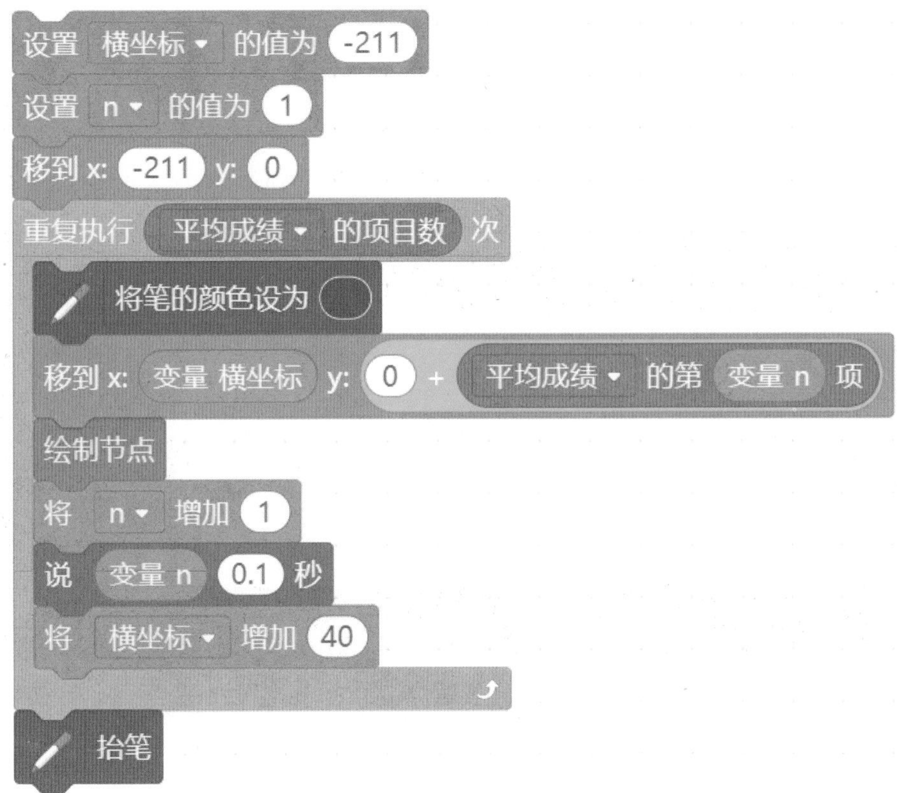

通过对两个列表数据的控制，程序运行结果如下图所示。我们同样可以将列表作为设计元素加入到界面中，让它们组成一个整体。

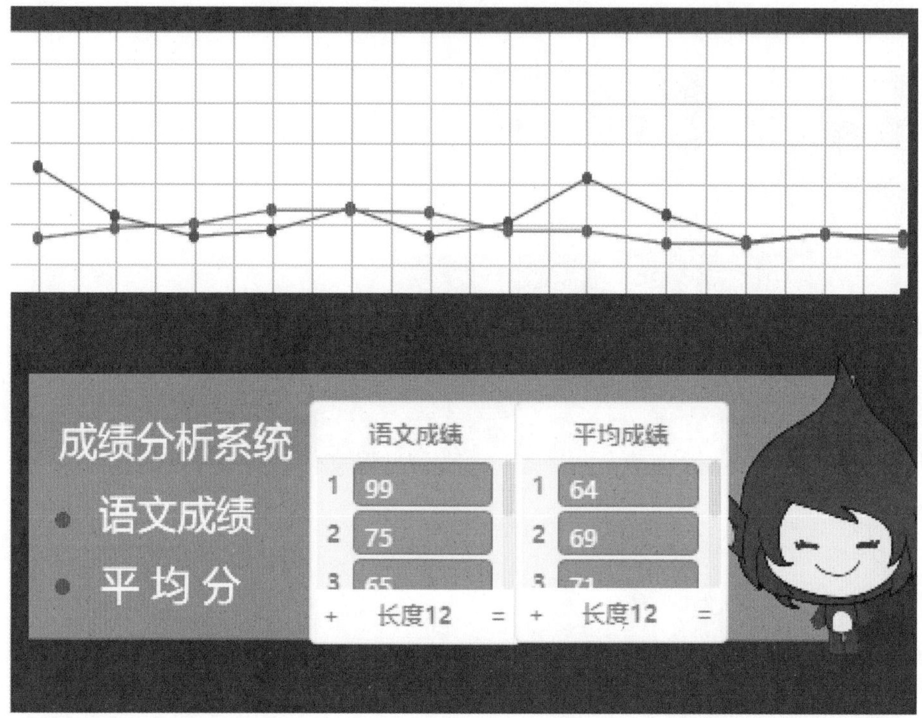

通过折线图我们可以看到：小强在刚入学的时候，成绩还是很棒的，但是可能由于刚开始到新环境有些不适应，在前半学期的学习中成绩基本低于平均线。到了后半学期，小强的成绩已经基本保持在平均水平，并在最后两次考试中有了比较大的提升。你看，有了折线图，是不是比我们单纯地看一堆数据更能发现其中的问题？

第五章 星际之战游戏

05

你相信在浩瀚的宇宙中有外星文明吗？假如外星文明和我们一样喜爱和平，那当然是最好的事情了。可是假如某个外星文明企图破坏或占领我们的星球，我们应该怎么办呢？为了保护地球，你一定会驾驶飞船，给予敌人狠狠的痛击吧！让我们来制作一个星际之战的游戏，游戏界面如下图所示。

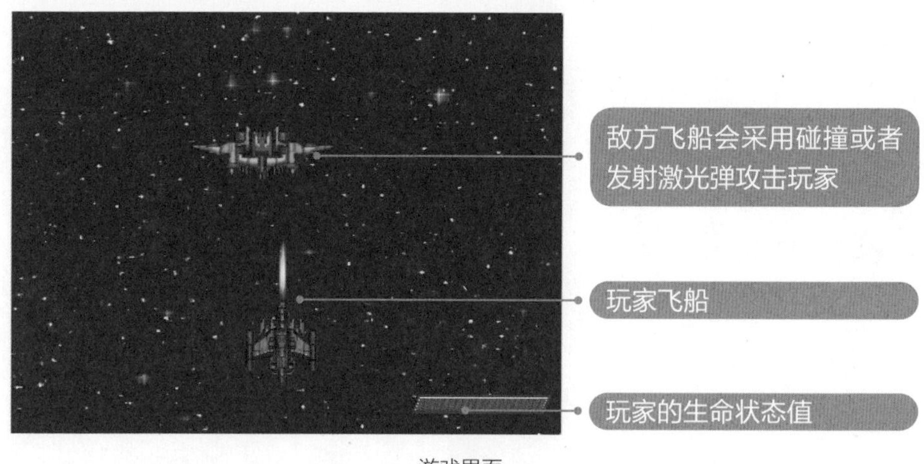

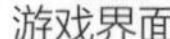

游戏界面

玩家飞船的制作

上传玩家飞船的图片，图片可以应用 Photoshop 等绘图软件绘制，保存为 png 文件格式后上传（配套视频 47）。

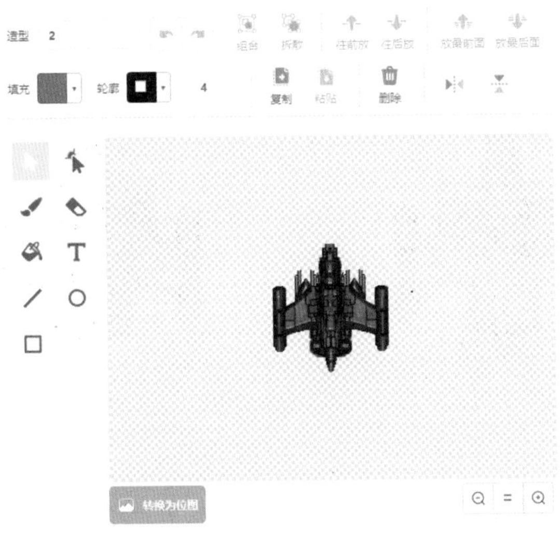

上传玩家飞船的图片

为了让飞船的行驶更加逼真，需要想办法给飞船的尾部增加喷射火焰的效果，先将上面的造型复制一份。接下来上传一张飞船推进时喷射火焰的图片。选择喷射火焰图片，点击复制按钮，然后将其粘贴到复制出来的飞船造型中，并放到飞船的尾部。

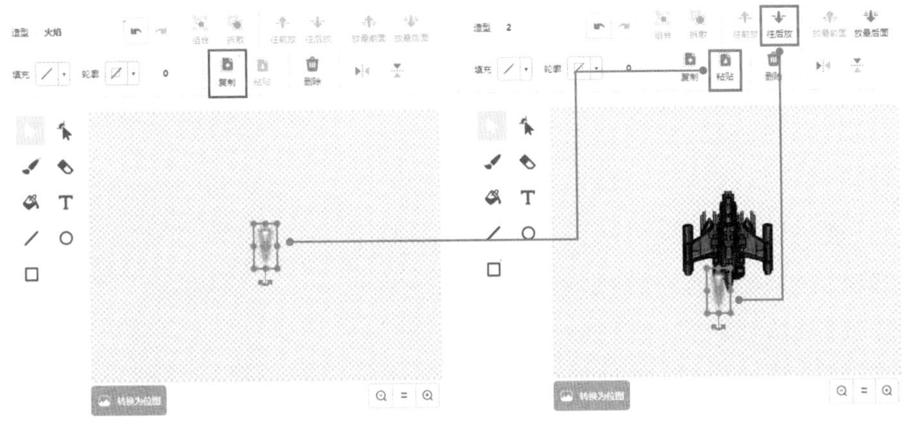

上传喷射火焰图片粘贴到飞船尾部

单击【往后放】按钮，将火焰图片放置在飞船图层的下面，完成飞船喷射火焰的造型。考虑到飞船有可能被敌方飞船击中，我们再增加一个飞船爆炸的造型图片。

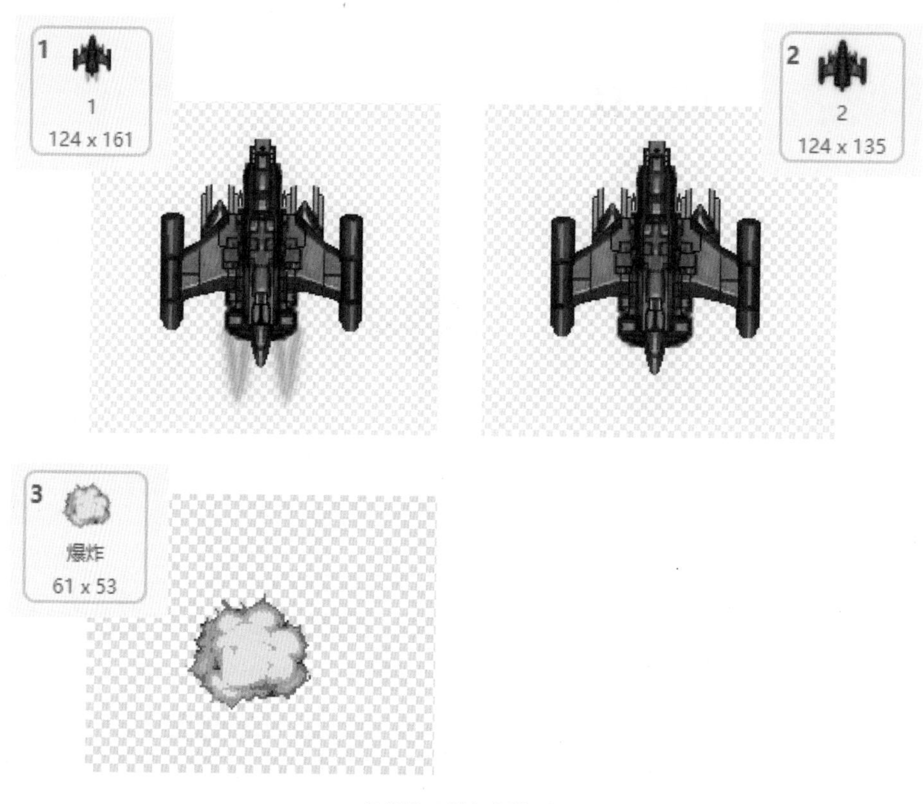

飞船的三种角色造型

飞船的造型图片准备好后，分别建立 4 个自定义模块，用来实现【飞船初始化】、【飞船推进火焰】、【飞船控制】以及【飞船撞击】的功能（配套视频 48）。

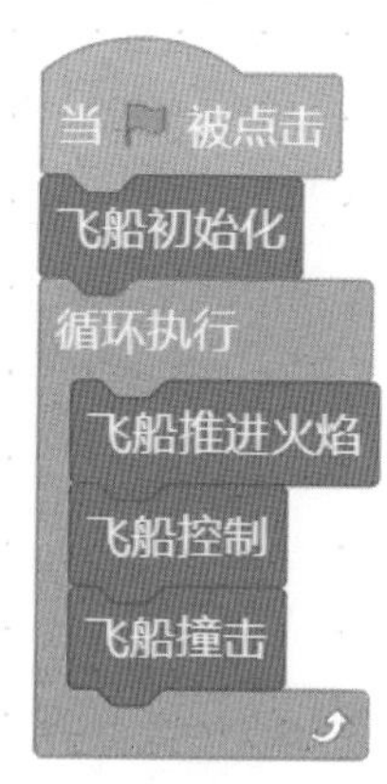

飞船控制程序

在游戏开始前，对飞船进行初始化设置，如下图所示。

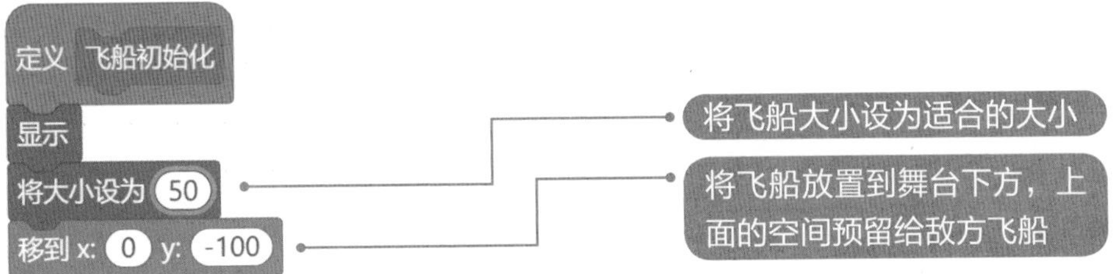

对飞船进行初始化设置

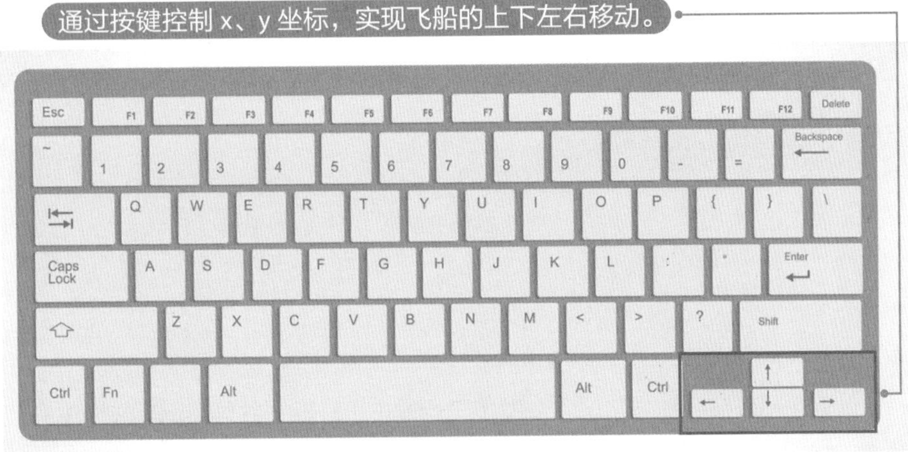

飞船控制按键

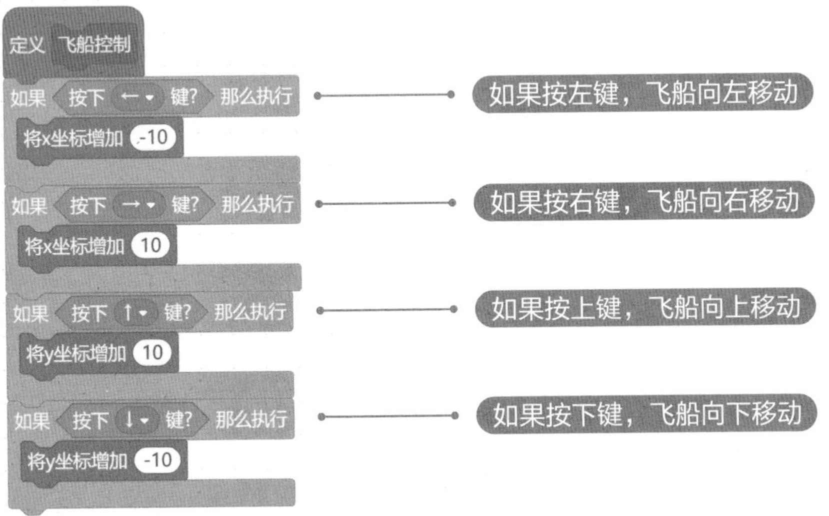

键盘控制程序

飞船当前有三种角色造型，其中飞行推进中的造型分别为造型 1 和 2，区别在于：造型 1 有喷射火焰，而造型 2 没有喷射火焰，两者如果进行循环切换，就会产生飞船喷射火焰效果。爆炸时的造型为造型 3，所以在飞船推进的过程中需要避免切换到造型 3，当已经是造型 3 时，就不需要再切换推进造型了。

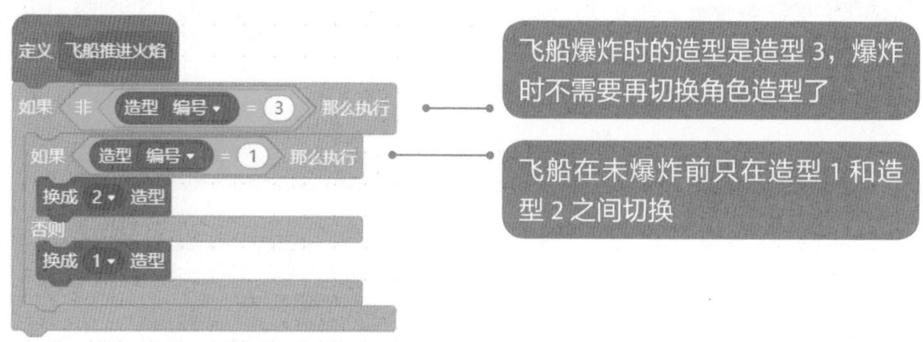

飞船推进程序

玩家飞船碰撞到敌方飞船会触发【飞船撞击】广播，并导致玩家飞船生命值减少。需要注意的是，撞击的过程在时间上存在持续性，所以需要设置等待积木，避免持续扣除生命值（配套视频 49）。

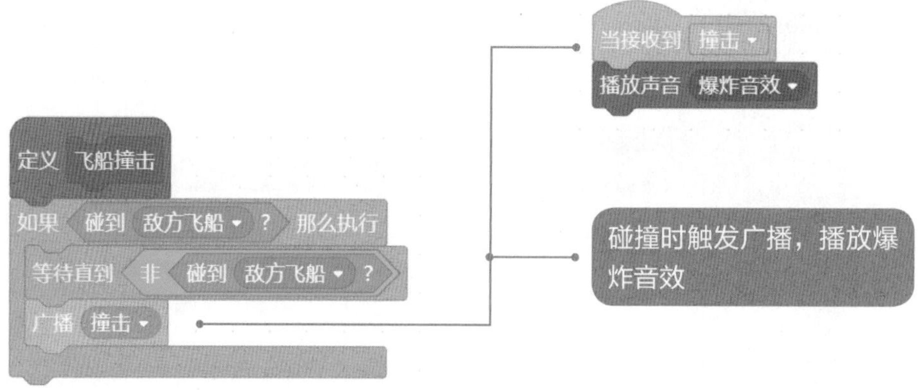

碰撞与广播程序

飞船激光弹的制作

导入飞船激光弹角色，激光弹在游戏开始时并不需要出现，所以设置点击绿旗后隐藏。

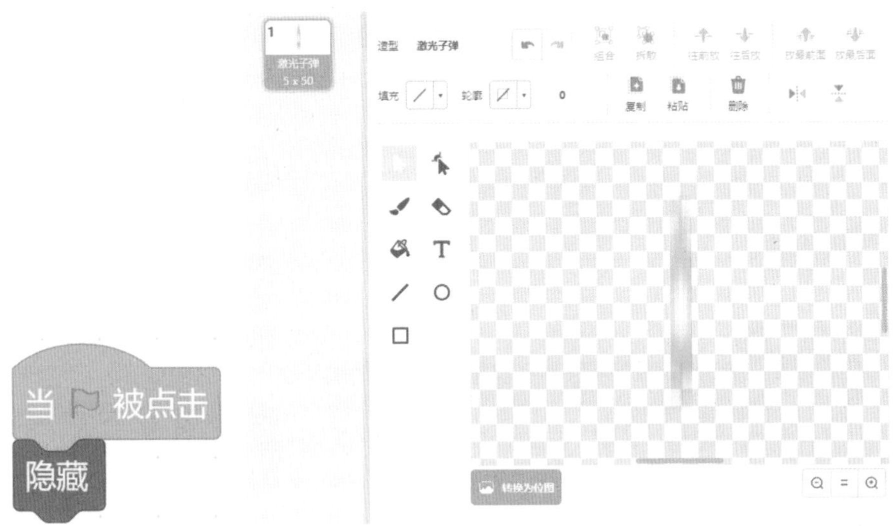

导入飞船激光弹角色

什么时候发射激光弹呢？设置当按下空格键时克隆自己，并广播发射激光弹，触发播放发射激光弹的声音（配套视频 50）。

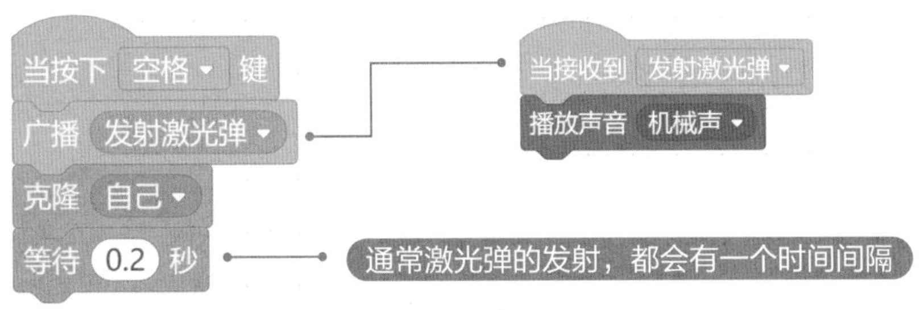

触发播放发射激光弹的声音

激光弹克隆体启动后，就会成为独立可以控制的角色。我们先思考一下，需要让克隆的激光弹做哪些事情？第一，激光弹应该从飞船中发出，所以它的位置需要与飞船一致。第二，当按下空格键后，激光弹需要往上运动。第三，激光弹如果到达了屏幕的上方，应该自行删除此克隆体。第四，如果激光弹碰到了敌方飞船，增加得分，同时也应该删除此克隆体（配套视频 51）。

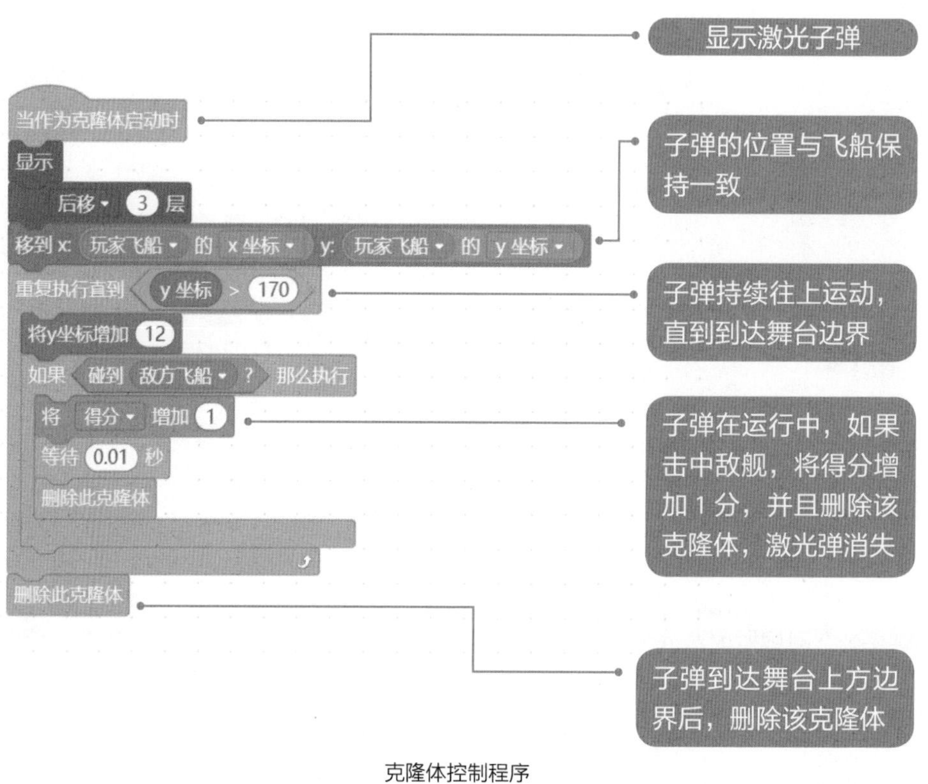

克隆体控制程序

敌方飞船的制作

敌方飞船角色，我们导入了四种造型，通过随机造型切换以及随机颜色设定，让敌方飞船显得各不相同（配套视频 52）。

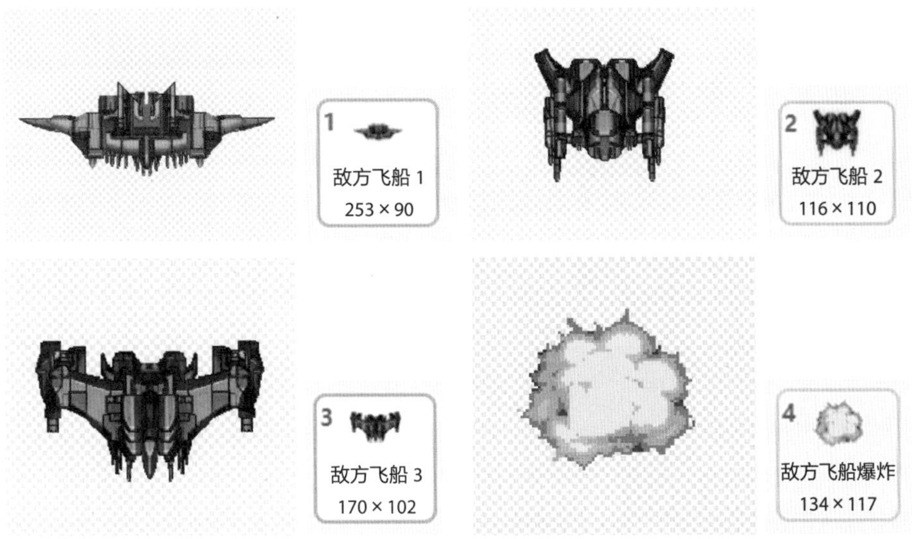

敌方飞船角色造型

然后需要对敌方飞船进行初始化设置，并设置敌方飞船的数量。

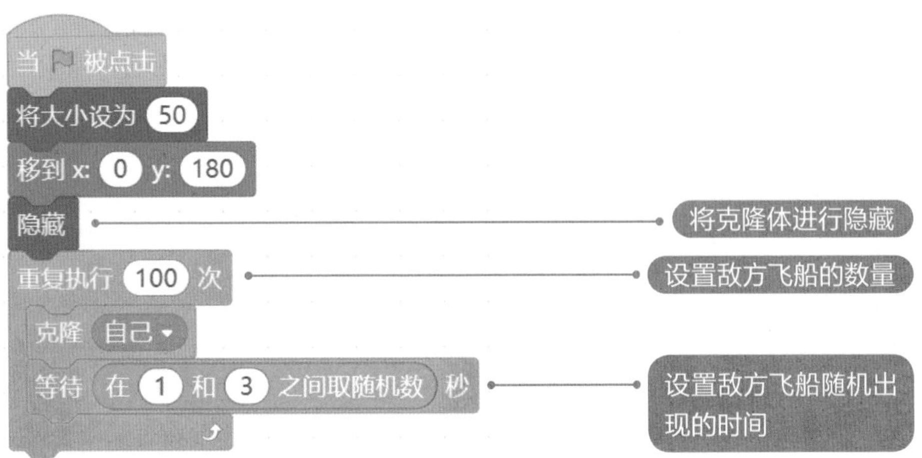

敌方飞船的初始化设置

敌方飞船克隆体启动后，需要考虑敌方飞船出现的位置、敌方飞船的运动方向以及敌方飞船碰撞到玩家飞船和玩家激光弹后的事件响应，如下图所示（配套视频 53）。

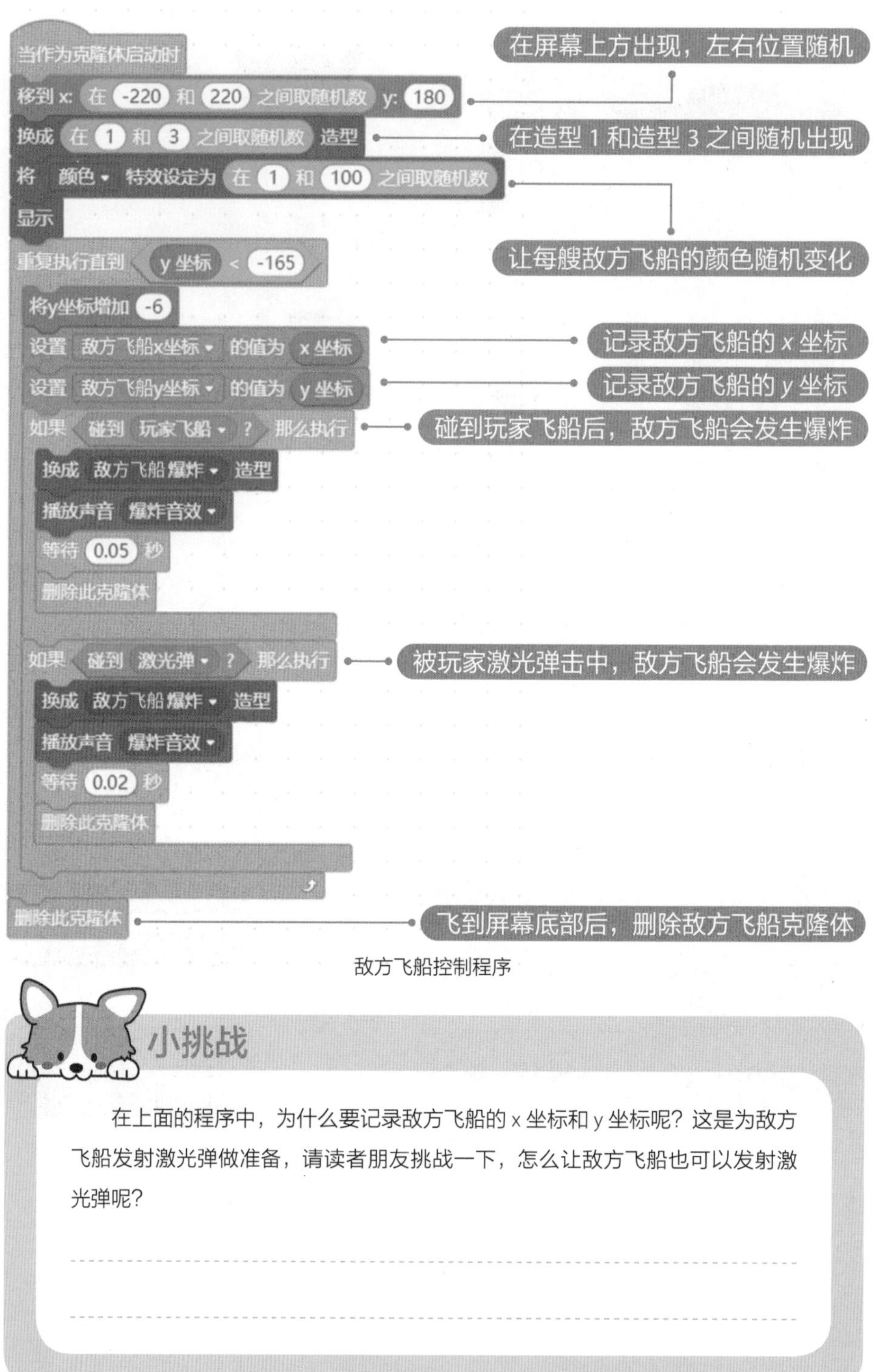

敌方飞船控制程序

小挑战

在上面的程序中，为什么要记录敌方飞船的 x 坐标和 y 坐标呢？这是为敌方飞船发射激光弹做准备，请读者朋友挑战一下，怎么让敌方飞船也可以发射激光弹呢？

敌方飞船发射激光弹

敌方飞船在克隆以后，每个克隆体都变成了独立的对象。我们在克隆体的程序中追踪了敌方飞船位置的 x 和 y 坐标值，有了敌方飞船的实时坐标位置，现在敌方飞船激光弹就能和敌方飞船的位置保持一致了。

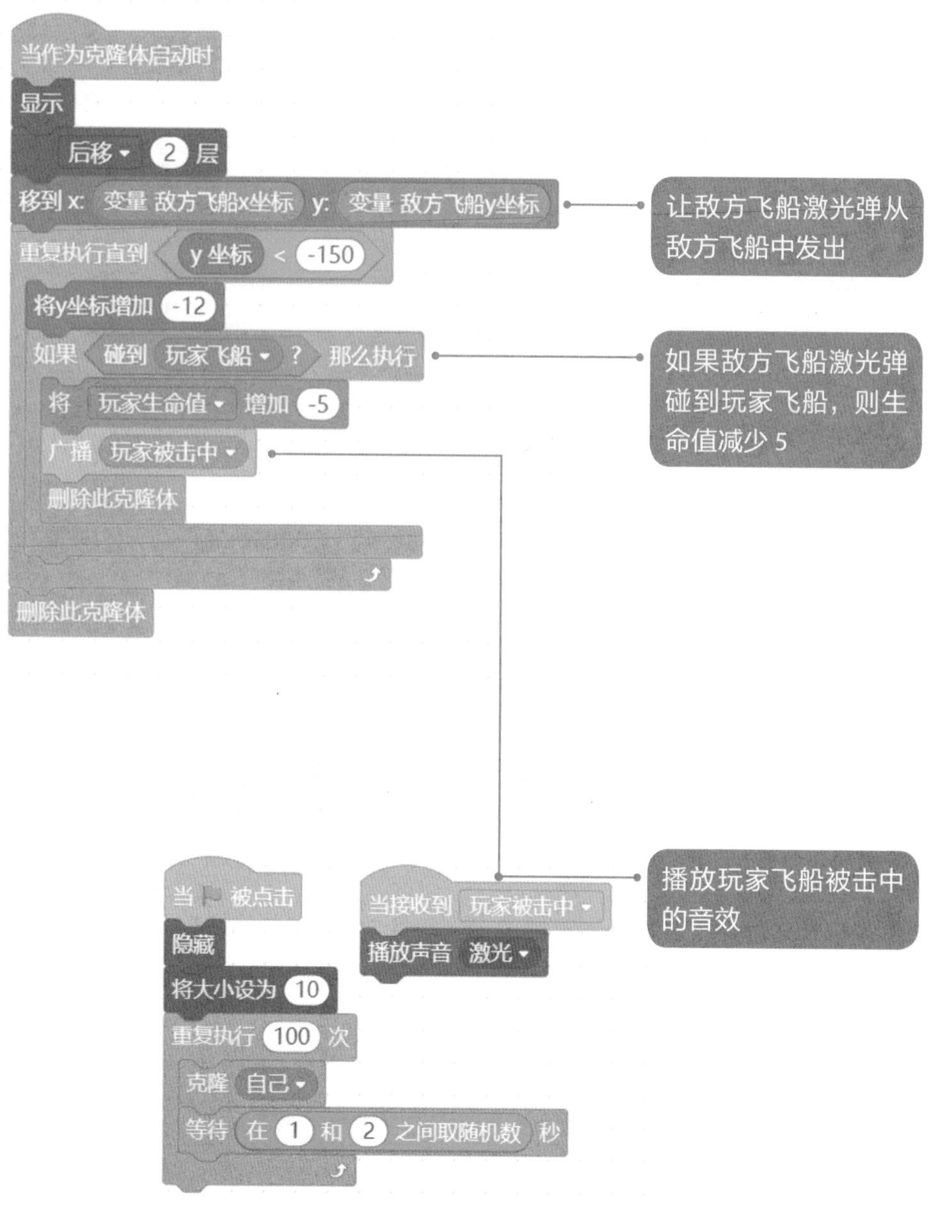

敌方飞船发射激光弹的程序

生命值可视化

在之前我们已经学习了数据可视化。对于游戏来说，往往会将生命值设置为0~100，通过数据可视化的方式来表现玩家飞船的生命状态，分别绘制如下图所示的生命值造型，状态按照 5 个点数为一格，一共需要绘制 21 个角色造型（配套视频 54）。

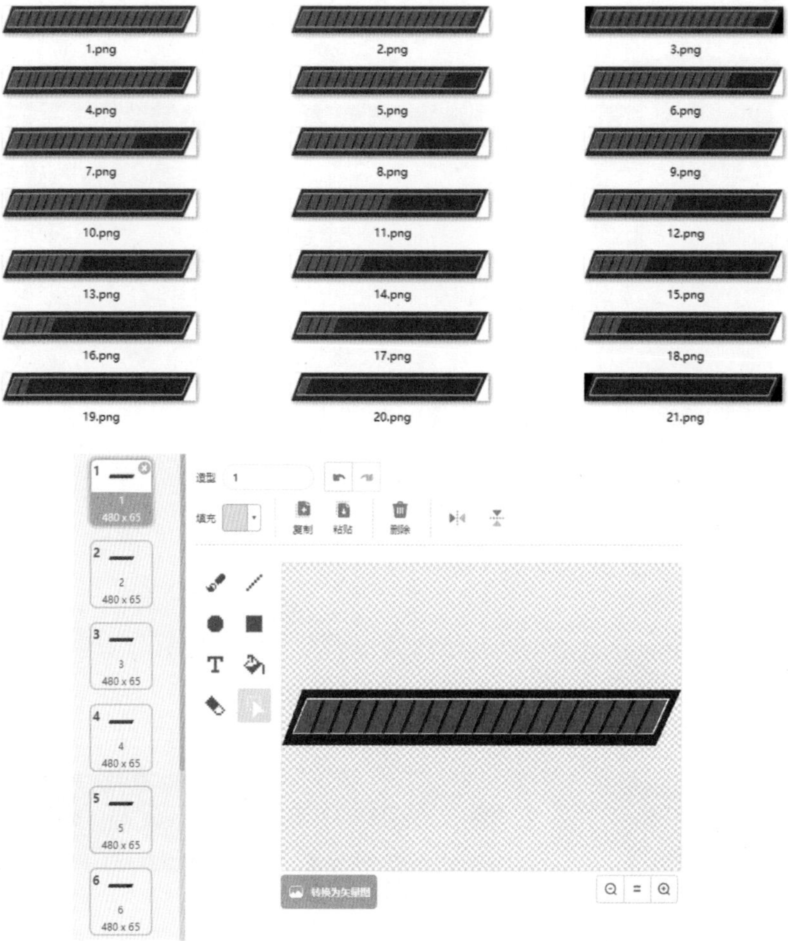

绘制和设置生命值

对生命值角色造型进行初始化设置后，在游戏中，需要持续更新生命值。因为生命值为 5 个点数一格，所以用造型编号来表达，就是 21 减去玩家生命值除以 5 的值。生命值状态栏程序如下图所示。

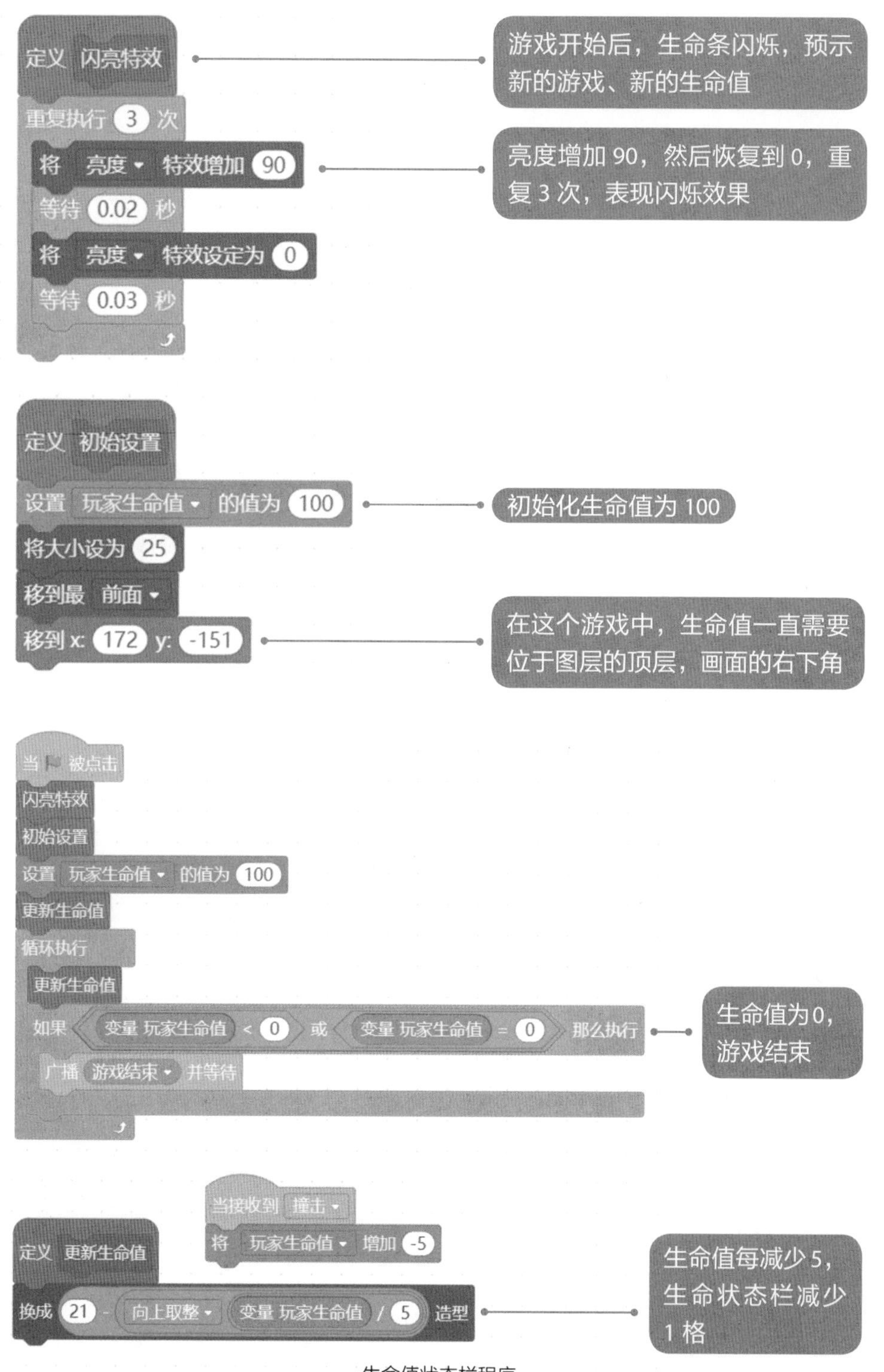

定义 闪亮特效
重复执行 3 次
将 亮度 特效增加 90
等待 0.02 秒
将 亮度 特效设定为 0
等待 0.03 秒
游戏开始后，生命条闪烁，预示新的游戏、新的生命值
亮度增加 90，然后恢复到 0，重复 3 次，表现闪烁效果
定义 初始设置
设置 玩家生命值 的值为 100
将大小设为 25
移到最 前面
移到 x: 172 y: -151
初始化生命值为 100
在这个游戏中，生命值一直需要位于图层的顶层，画面的右下角
当 被点击
闪亮特效
初始设置
设置 玩家生命值 的值为 100
更新生命值
循环执行
更新生命值
如果 变量 玩家生命值 < 0 或 变量 玩家生命值 = 0 那么执行
广播 游戏结束 并等待
生命值为 0，游戏结束
当接收到 撞击
将 玩家生命值 增加 -5
定义 更新生命值
换成 21 - 向上取整 变量 玩家生命值 / 5 造型
生命值每减少 5，生命状态栏减少 1 格

生命值状态栏程序

无缝游戏背景

既然是星际之战，当然少不了星际的背景（配套视频 55）。有心的读者一定注意到了，其实玩家飞船并没有一直往上运动。运用相对运动的知识，如果背景往下移动，即使玩家飞船不动，从视觉上也会产生飞船往上运动的效果。所以我们添加一张无缝背景图，并运用克隆的方式，使背景角色实现持续往下移动。

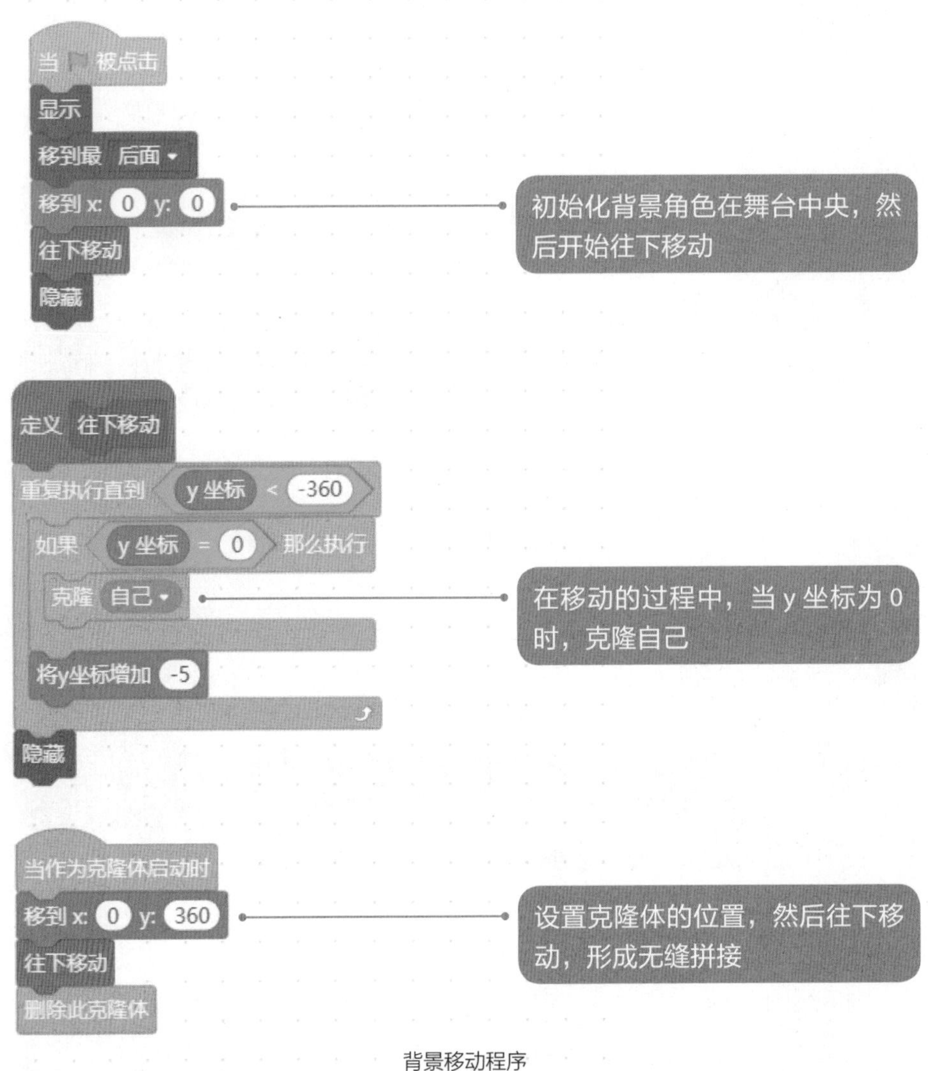

背景移动程序

什么是无缝背景呢？简单来说，就是经过特殊处理的图片，图片的各个边刚好可以完美地拼接上。在地砖、窗花等设计中，经常会用到无缝设计。

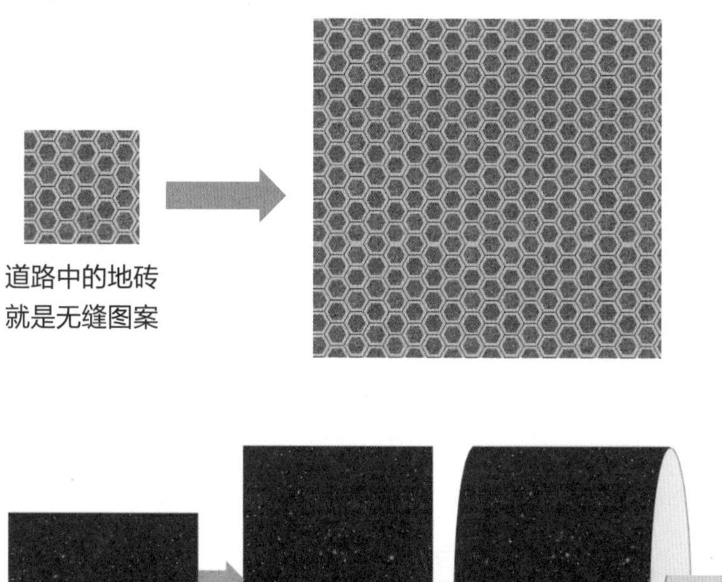

在游戏中，我们利用无缝图案的特点，让星空背景无限循环地从上往下运动。因为相对运动产生的视觉效果，看起来飞船就像是往上飞行了，背景移动的速度越快，飞船的飞行速度也就显得越快。

第六章 人工智能初探

06

今天，我们生活在一个人工智能的时代。什么是人工智能呢？从不同的角度来看，有着不同的解释（配套视频 56）。一般来说，人工智能分为三类：弱人工智能、强人工智能、超人工智能。其中弱人工智能最为常见，它特别擅长某个方面的工作，并在这个方面给人们的生活带来快捷和方便。打开手机中的地图应用，系统能够利用北斗卫星给我们导航；打开订餐应用，系统会给我们推荐附近的美食；打开新闻应用，系统会推送最符合我们兴趣的热点新闻；打开购物应用，系统会将我们最感兴趣的产品呈现在眼前……这些都属于人工智能中的弱人工智能。

生活中的人工智能运用

而强人工智能和超人工智能则类似人类的智能，可以完成各方面的任务，但在思维能力、学习能力、理解能力和操作能力上都远超人类。

影视作品中的强人工智能

Mind+ 提供了丰富的人工智能运用，既可以使用软件自带的人工智能扩展运用，也可以通过搭配各种传感器和开源硬件来学习。让我们由软件到硬件，展开一场人工智能的探索之旅吧。

人工智能之翻译大师

有了人工智能翻译大师，你只要输入中文文字，程序会将中文转换为需要翻译的其他语言，并且朗读出来（配套视频 57）。

文字翻译

点击 Mind+ 扩展按钮，选择网络服务面板，加载百度翻译与文字朗读模块，如下图所示。

加载百度翻译与文字朗读模块

导入设计好的舞台背景图片，并添加翻译按钮的角色图片，如下图所示。

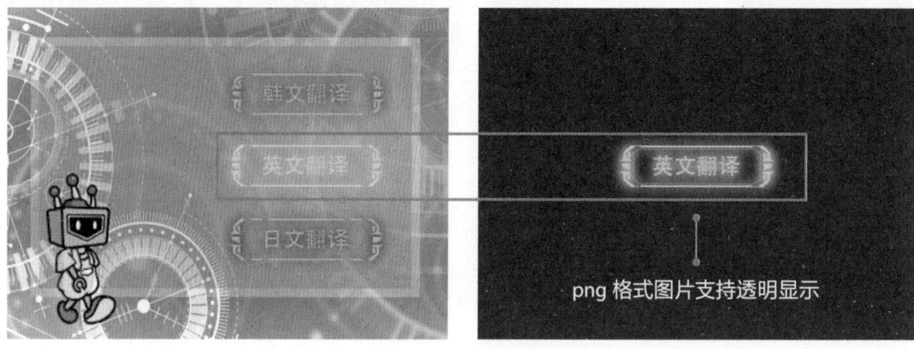

按钮图片可以在 Photoshop 等图形设计软件中制作，并保存为 png 格式，png 格式支持透明显示，如在上图中，无论将按钮图片放在左右哪个背景图片中，按钮图片的背景都是透明的。

接下来，搭建翻译的程序模块，将翻译内容设置为回答，并选择需要翻译的语言，程序如下图所示。

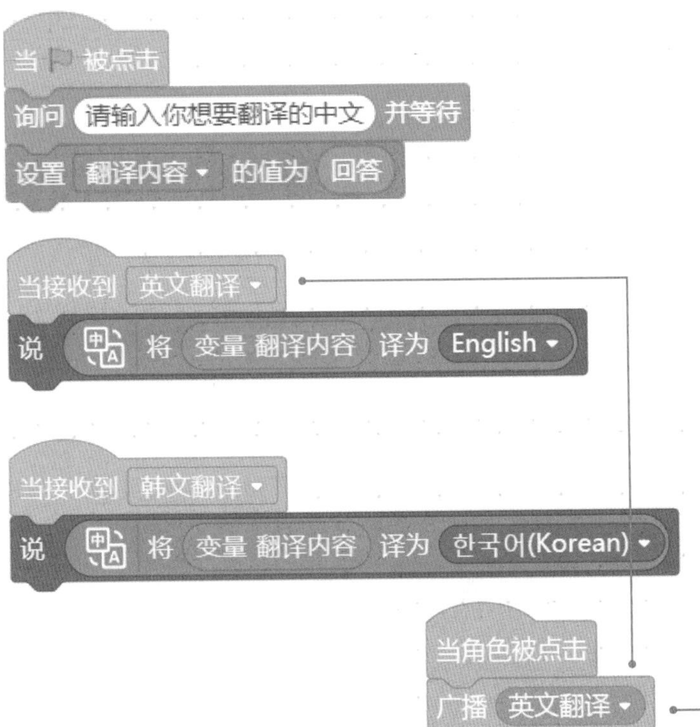

运行程序后，系统会询问需要翻译的中文，将中文输入后，点击对应的按钮，就实现了文字翻译，如图所示。

英文与韩文翻译

文字朗读

在人工智能的帮助下，输入的文字不但能翻译，还能通过语音播报出来。加载文字朗读模块，设置 AI 服务器，然后选择朗读者，设定嗓音，程序如下图所示。

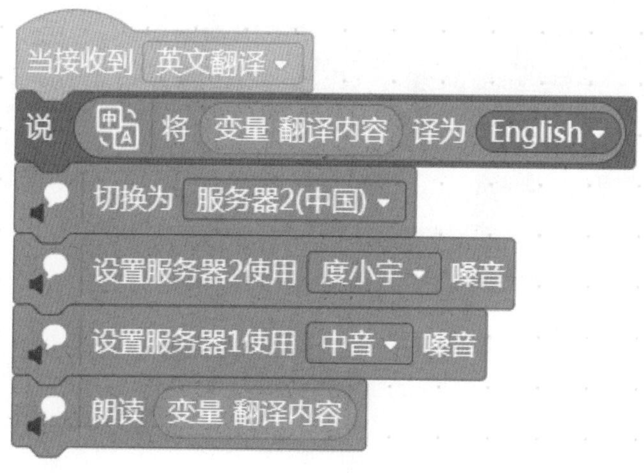

小知识

Mind+ 中的文字朗读功能，提供了两类服务器供大家选择使用，服务器 1 为国际服务器，服务器 2 为中国服务器。相对而言，服务器 2 的稳定性要好不少，推荐大家使用。

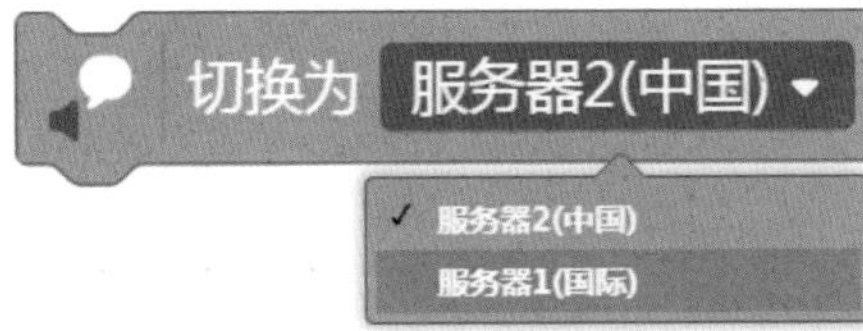

人工智能之图像识别

图像识别

图像识别技术是人工智能的一个重要领域，就是对图像进行处理、分析，以识别各种不同模式的目标和对象的技术（配套视频 58）。图像识别技术的发展，经历了文字识别、数字图像识别、物体识别三个阶段。今天，图像识别技术已经运用到生活中的各个方面。拿着手机用 App 拍摄身边的植物，系统就能够识别出我们拍摄的植物，并告诉我们它所属的种类、习性等信息（见下图）；公路上的交通车辆抓拍系统，会自动识别出违规车辆的车牌……

植物识别系统

人脸识别，是基于人的脸部特征信息进行身份识别的生物识别技术。用摄像机或者摄像头采集包含人脸的图像或视频，人工智能自动在图像和视频中检测人脸，进而对人脸进行识别。比如我们生活中的人脸识别门禁系统、人脸识别购物系统、人脸识别追逃系统……

人脸识别

在 Mind+ 中，我们可以利用摄像头来学习图像识别技术。进入扩展面板，选择【网络服务】面板，选择并加载【AI 图像识别】模块。

加载【AI 图像识别】模块

AI 图像识别模块从内容与步骤上可以分为三大块：

1．基础设置。包含了账户控制、摄像头相关操作及图像保存选项，只需要选择性地调用一次即可。

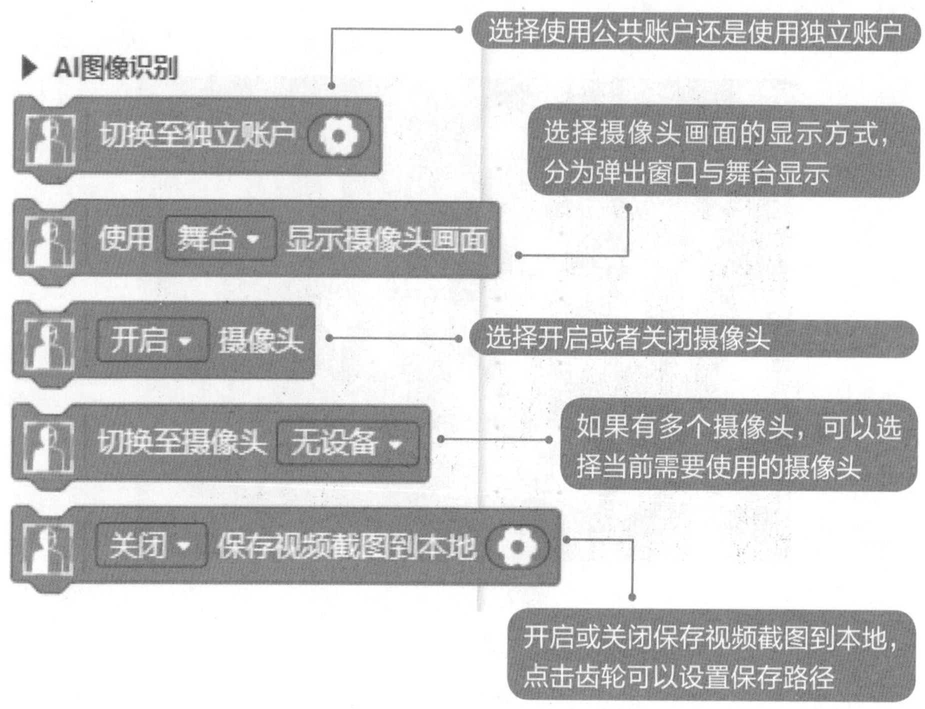

AI 图像识别模块

小知识

AI 图像识别模块会调用百度 AI 服务，虽然 Mind+ 默认提供了一个公共账户，无须注册就可以使用，不过会有访问限制。读者朋友可以注册自己的账户，获得更多的功能。

注册方法如下：

登录百度 AI 开放平台 https://ai.baidu.com，点击页面右上角【控制台】，然后注册或者登录自己的百度账号。

用科技
让复杂的世界更简单
欢迎注册

百度 AI 开放平台

登录成功后进入控制台页面，点击左边栏【人脸识别】，在新页面中点击“创建应用”，填入应用名称和应用描述（比如填写：学习），将“人脸识别”“语音技术”“文字识别”中的复选框全部选中，应用归属选个人，整个过程中，无须点击企业认证。

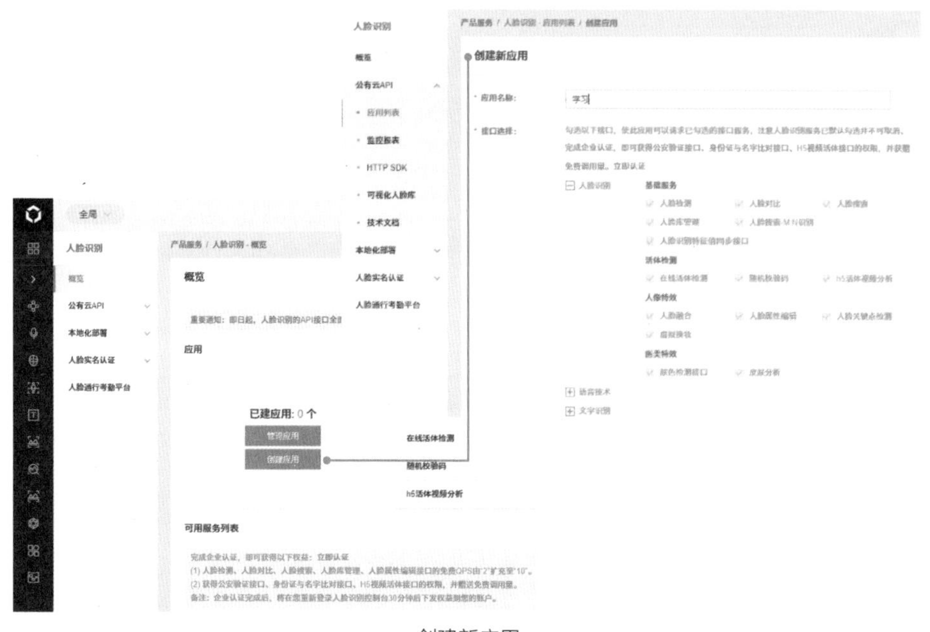

创建新应用

在“管理应用”中复制 API Key、Secret Key 下方的参数，填到 Mind+ 中，切换至独立账户中。

将参数切换至独立账户

2. 获取图像。获取图像源数据，可以从摄像头、本地文件、网址三种途径获取。从摄像头获取需要用到计算机摄像头。

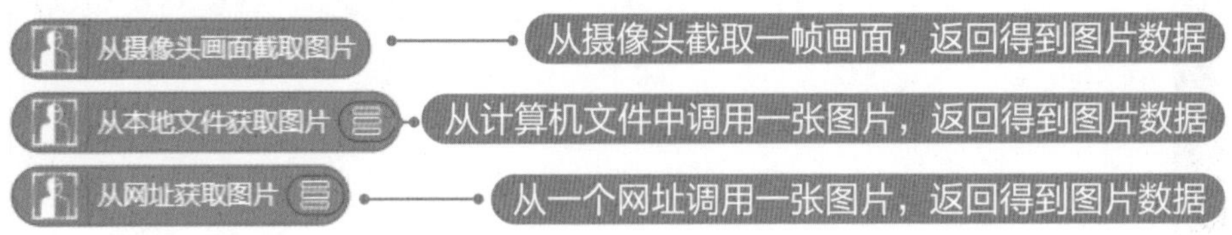

获取图像

3．识别图像。获取图像之后通过识别图像积木，进行图像识别、对比并获得结果。

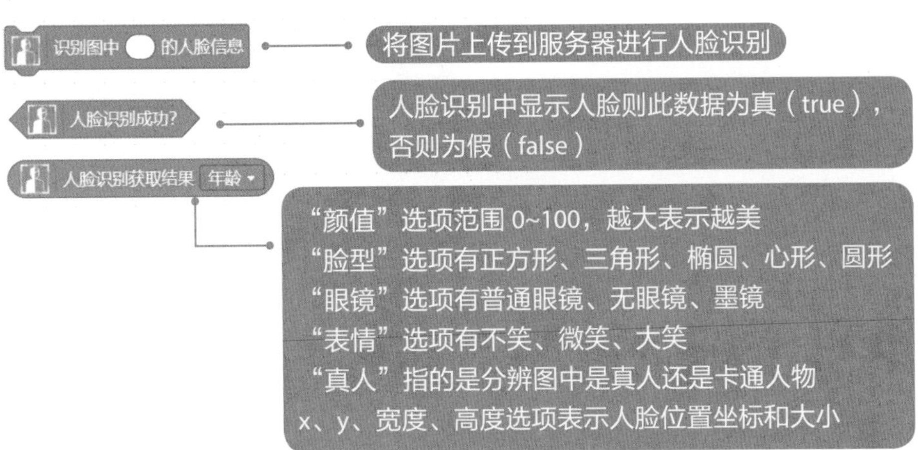

识别图像积木

小知识

人工智能对于颜值、真人项目的检测是没有非黑即白的真假值之说的，Mind+ 使用 0~100 的范围数值来描述，如：颜值的数值越大，意味着颜值越高、越美；真人检测值越高，说明越接近真人的脸，越低则意味着越接近卡通的脸。

人工智能在给出结果的时候，其实都是一个概率值，概率值越高，那么说明 AI 认为越符合设定的条件。

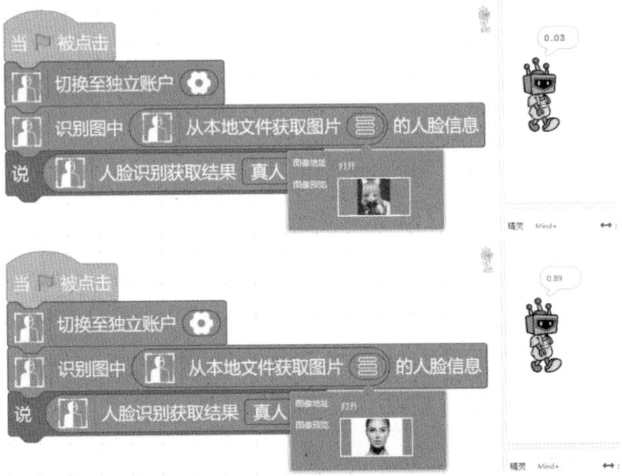

当 被点击
切换至独立账户
识别图中 从本地文件获取图片 的人脸信息
说 人脸识别获取结果 真人
0.03

当 被点击
切换至独立账户
识别图中 从本地文件获取图片 的人脸信息
说 人脸识别获取结果 真人
0.89

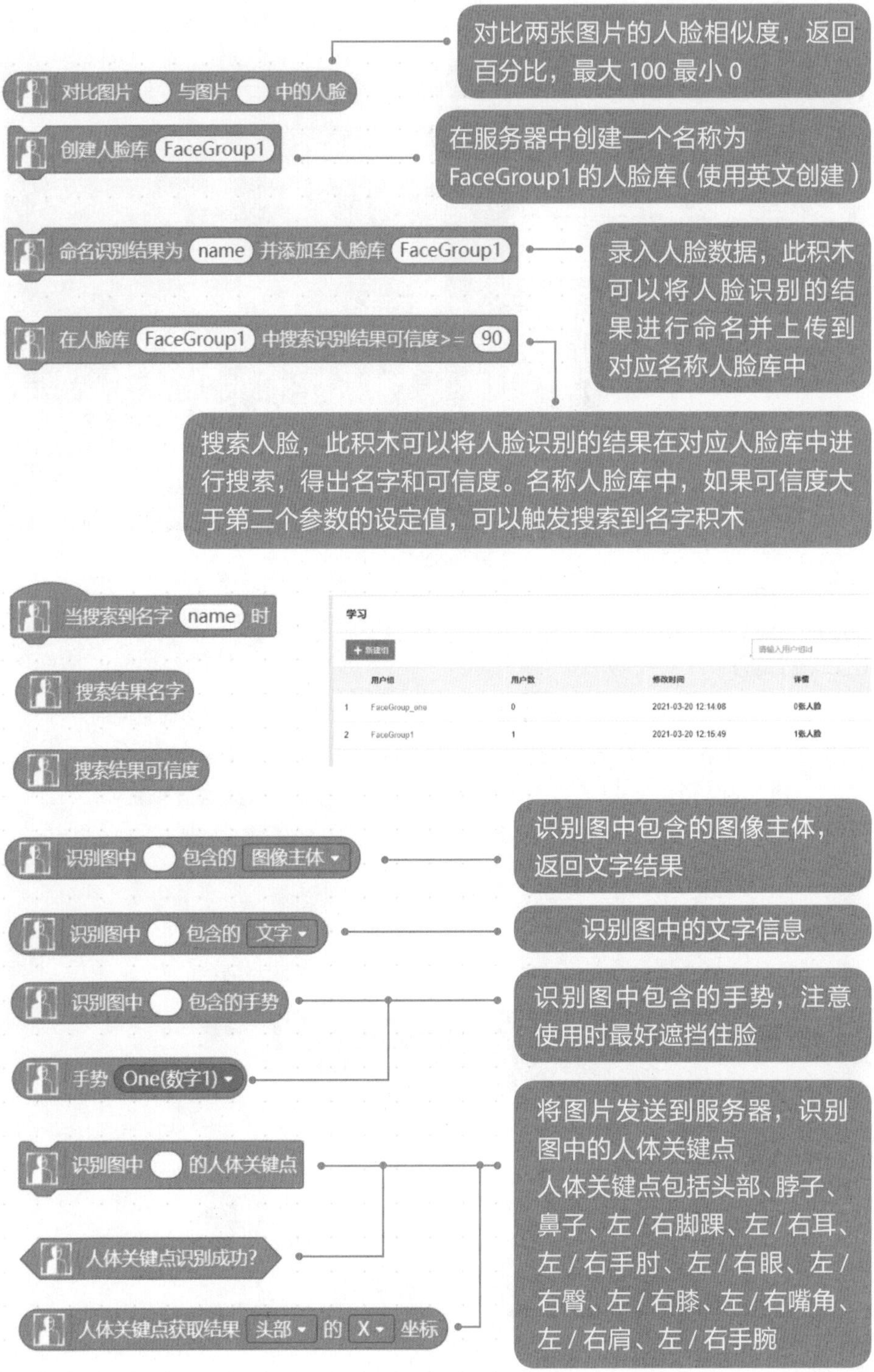

当搜索到名字 name 时

搜索结果名字

搜索结果可信度

学习

+ 新建组　　请输入用户组id

	用户组	用户数	修改时间	详情
1	FaceGroup_one	0	2021-03-20 12:14:08	0张人脸
2	FaceGroup1	1	2021-03-20 12:15:49	1张人脸

识别图中 包含的 图像主体

识别图中包含的图像主体，返回文字结果

识别图中 包含的 文字

识别图中的文字信息

识别图中 包含的手势

手势 One(数字1)

识别图中包含的手势，注意使用时最好遮挡住脸

识别图中 的人体关键点

人体关键点识别成功?

人体关键点获取结果 头部 的 X 坐标

将图片发送到服务器，识别图中的人体关键点
人体关键点包括头部、脖子、鼻子、左/右脚踝、左/右耳、左/右手肘、左/右眼、左/右臂、左/右膝、左/右嘴角、左/右肩、左/右手腕

对比并获得结果

人脸识别——颜值测试

人脸识别一般分为四个步骤：人脸图像采集、人脸图像预处理、人脸图像特征提取和人脸图像匹配。

人脸图像采集：当人物出现在视频采集区时，图像采集设备会自动搜索人脸图像，并保存图像。比如我们在地铁站、机场的安检区，摄像头就会采集每一位旅客的人脸信息。

人脸图像采集

人脸图像预处理：由于图像采集会受到外界光线、环境等的影响，原始图像往往是不能直接使用的，因此需要在后期对图像进行光线补偿、灰阶调整、锐化等处理，以方便提取特征。

图像处理前后对比

人脸图像特征提取：将处理后的人脸图像用数据进行描述，包括人物头部骨点的位置，器官的形状、彼此间的距离、皱纹的深浅等，凭借这些精准的数据完成人脸图像特征提取。

人脸图像特征提取

人脸图像匹配：完成人脸图像特征提取以后，就可以根据人脸特征提取数据在人脸库中进行匹配了。

了解了图像识别的原理与程序积木功能后，让我们先来搭建一个简单的颜值测试程序，如下图所示。

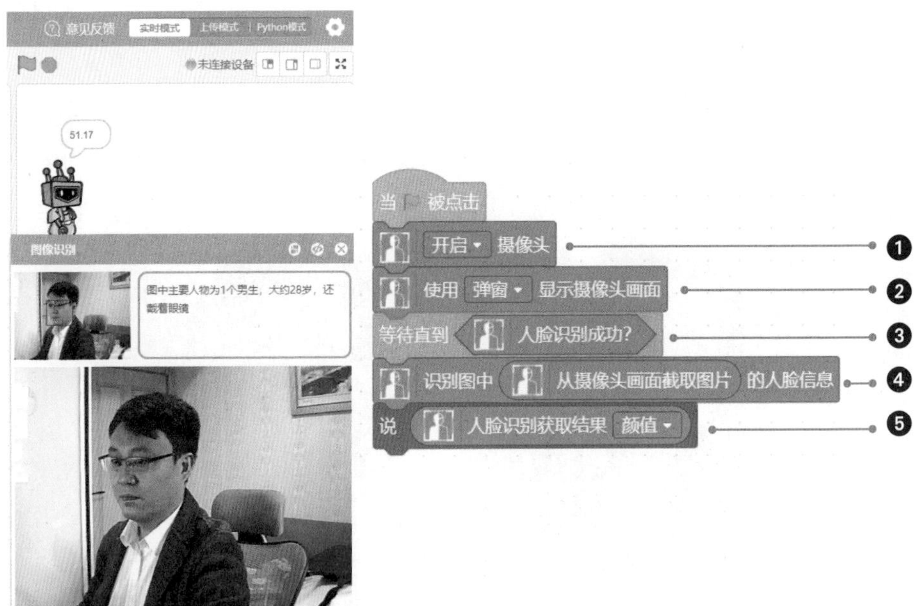

搭建颜值测试程序

❶ 开启摄像头。❷ 选择摄像头画面为弹窗方式。❸ 启用人工智能的人脸识别，直到识别出人脸。❹ 在弹窗中显示识别出的人脸信息。❺ 说出人脸识别结果信息。

赶紧来试试你的颜值吧，再看看不同角度、不同光线下的值是否一致，就能更加深刻地理解机器学习后给出的数值是一个概率值了。

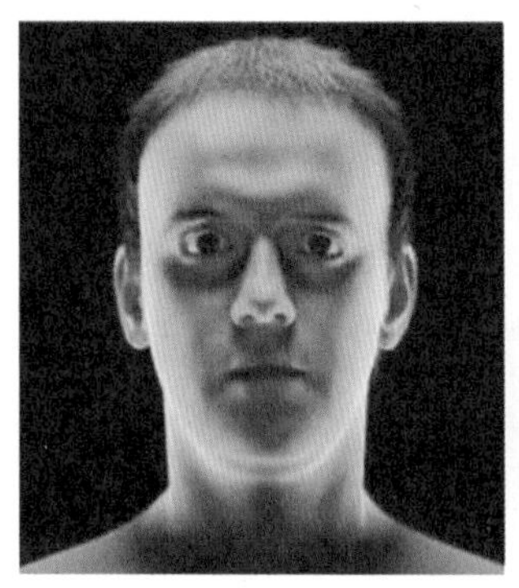
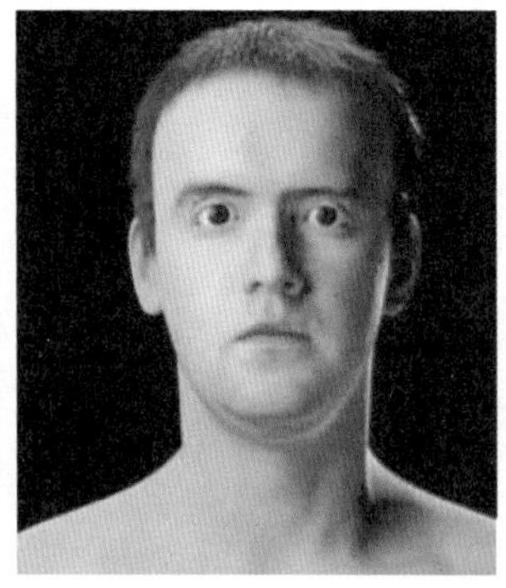

不同的光线，不同的镜头，不同的角度，都会影响机器的识别值。上面的三张图片，尽管是同一个人，但是由于以上条件的不同，看起来脸型有胖有瘦，给我们的感受也是有区别的。

人脸识别——门禁系统

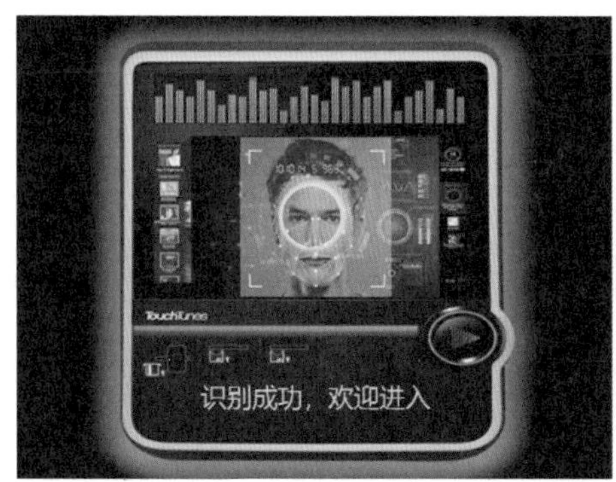

门禁系统

接下来，我们将人脸识别程序进行延伸，来编写一个人脸识别门禁系统。程序分为两个部分：人脸采集部分和人脸识别部分。

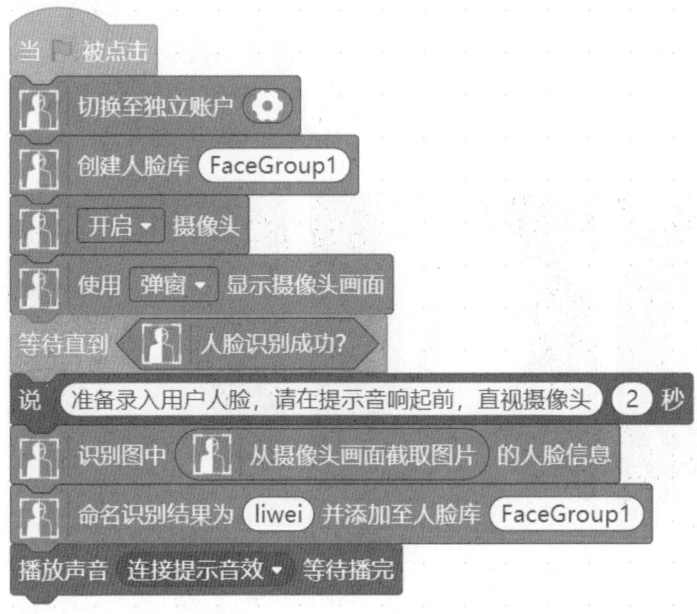

人脸采集部分

```
当按下 空格 键
说 准备检测人脸 2 秒
识别图中 从摄像头画面截取图片 的人脸信息
如果 人脸识别成功? 那么执行
    在人脸库 FaceGroup1 中搜索识别结果可信度>= 90
    如果 搜索结果可信度 > 90 那么执行
        说 合并 欢迎你 搜索结果名字 2 秒
    否则
        说 未授权人脸 2 秒
否则
    说 识别失败，没有识别到人脸 2 秒
```

人脸识别部分

人工智能硬件的连接与安装

你有没有思考过这样一个问题：我们学习编程与人工智能的目的是什么？通过学习，让我们拥有能够改变生活和改造世界的能力，这就是我们学习的核心目的。而将虚拟程序与真实世界相连的学习方式，是获得这种能力的最佳途径之一。之前我们已经通过 Mind+ 实现了软件上的人脸识别，这一次让我们把掌控板和人工智能摄像头等硬件设备结合起来（配套视频 59），把学习到的知识运用到现实生活，一起来制作和实现基于硬件的人脸识别门禁系统吧！

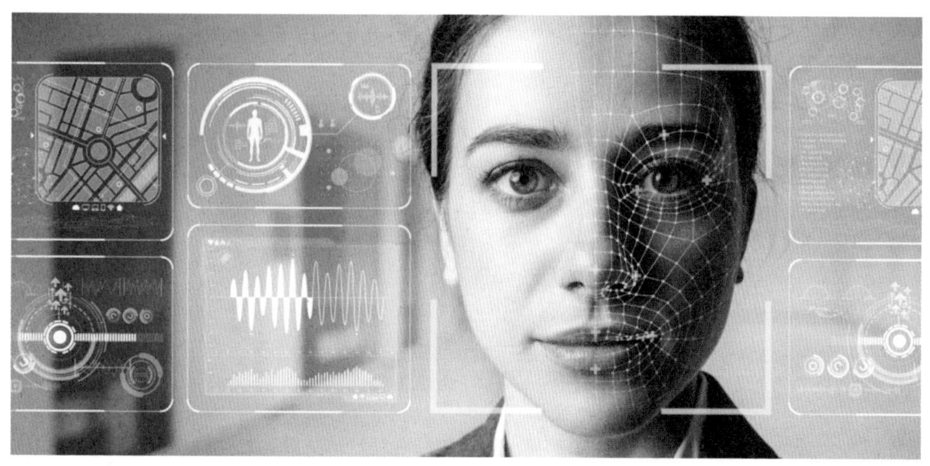

器材准备：掌控板、扩展板、人工智能摄像头、反馈舵机。

掌控板 ×1

扩展板 ×1

人工智能摄像头 ×1

反馈舵机 ×1

器材准备

小知识

掌控板是由创客教育专家委员会推出的国内第一款专为编程教育而设计的开源硬件。自身集成了 ESP32 主控芯片及多种传感器，如声音传感器、光线传感器和三轴加速传感器，同时还集成了 OLED 显示屏、无线网卡、蓝牙 4.0 等，而且价格便宜，能够完成物联网应用，是实现软件与硬件互连的一套实用器材。

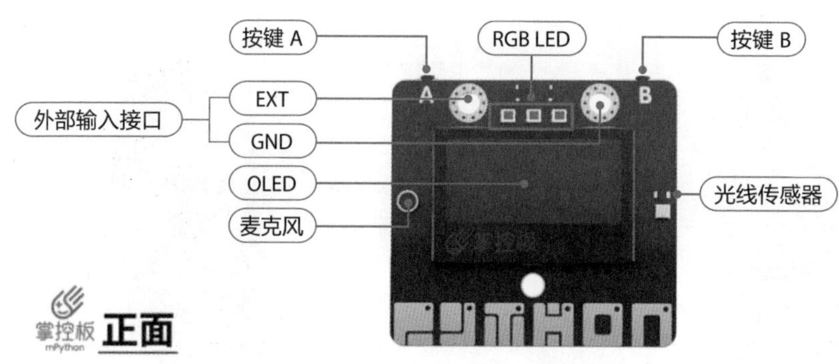

人工智能摄像头是一款简单易用的人工智能视觉传感器，我们也戏称为“二哈识图”，内置了六种功能：人脸识别、物体追踪、物体识别、巡线追踪、颜色识别、二维码识别。通过内置的一键式机器学习，摆脱了烦琐的训练和复杂的视觉算法，让学习者快速实现构思与创想。

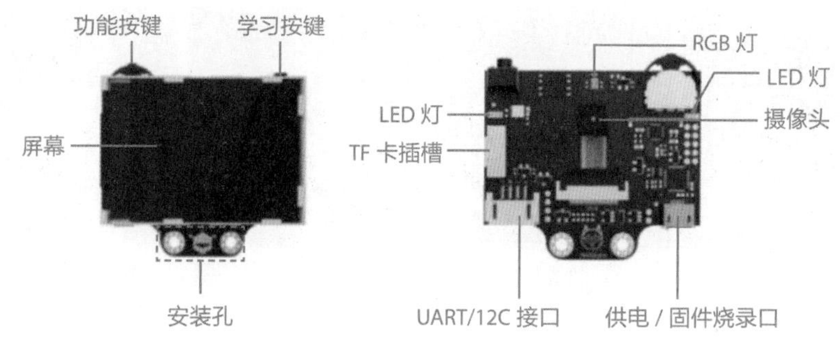

扩展板能够完全兼容 micro:bit 和掌控板两种主板，提供了 10 路数字、模拟 3Pin 口，两路 IIC 口以及一路 UART 口。板载两路电动机驱动，既可以通过 USB 供电，也可以通过电池盒供电。有了扩展板，就能连接更加丰富的外界设备，如下图所示。

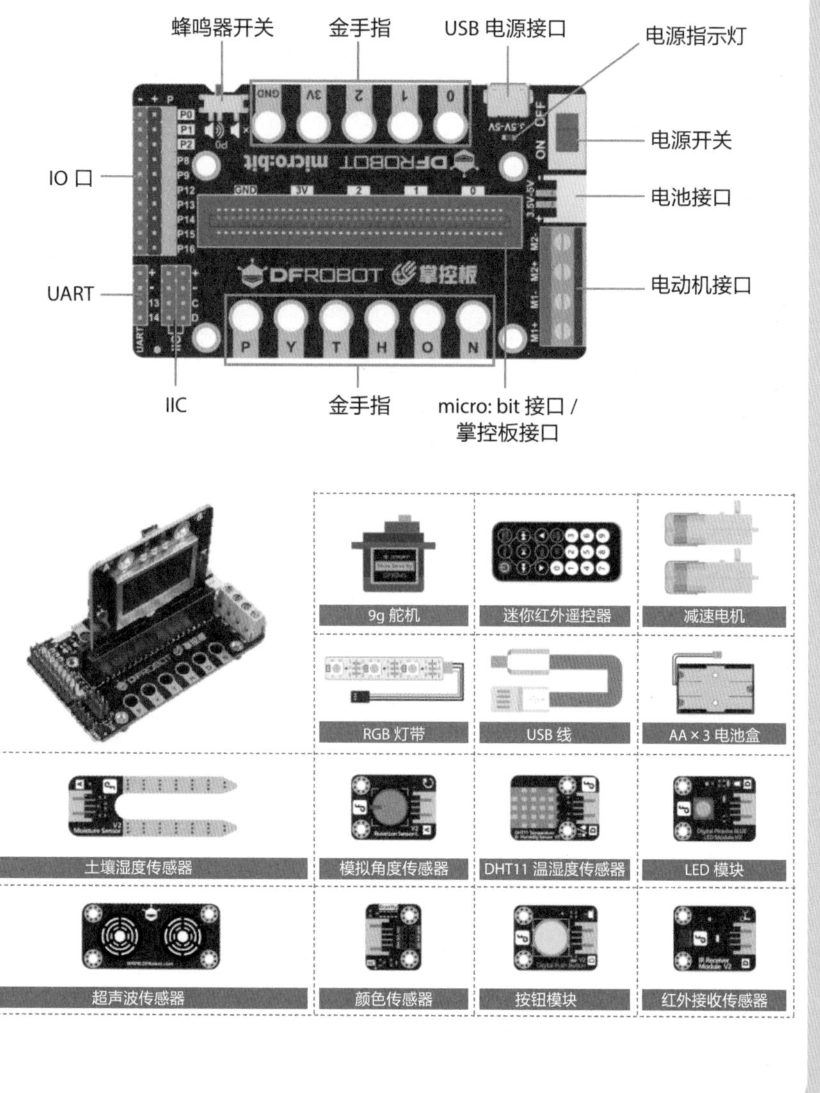

将硬件设备按照如下图所示的方法进行连接。

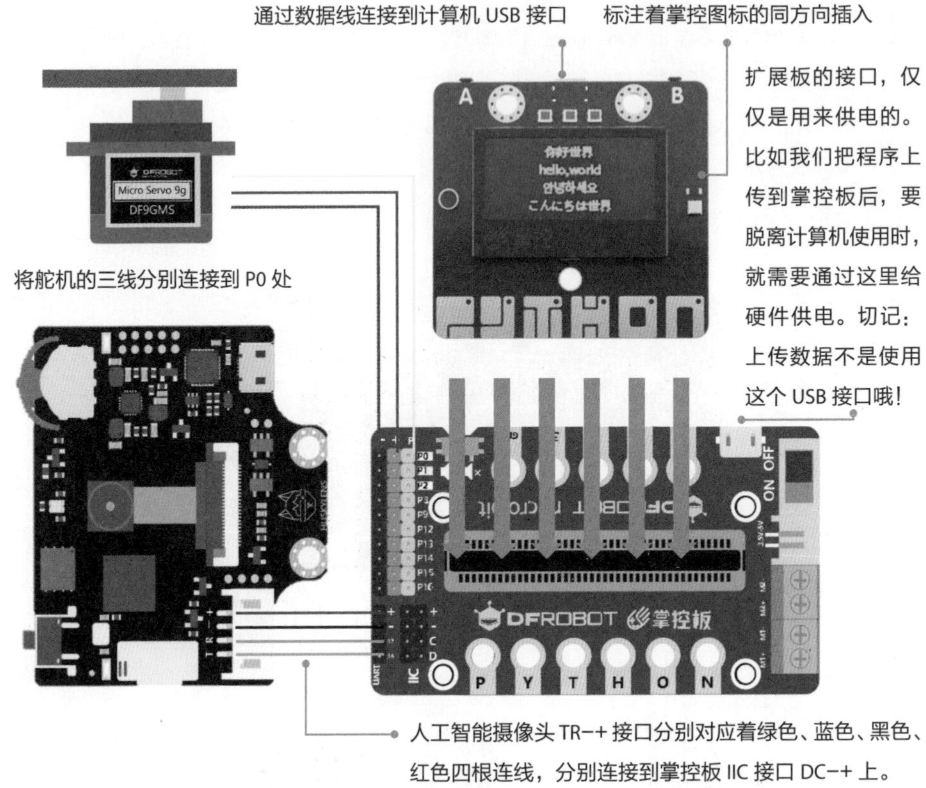

连线图解

使用模式

Mind+ 具有三种使用模式，分别是实时模式、上传模式、Python 模式（配套视频 60）。简单来说，实时模式就是掌控板需要一直连接在电脑上，依靠电脑运行的模式；而上传模式是把程序上传到掌控板上，脱离电脑，离线运行的模式；Python 模式是使用 Python 代码来编写程序的模式。因为我们需要将程序上传并写入掌控板中，然后脱离电脑使用，所以选择上传模式。

Mind+ 的三种使用模式

硬件驱动的安装

第一次安装硬件，首先需要选择扩展模块按钮，在弹出的选择主控板界面中，选择【掌控板】，然后按照提示安装编译器，等待编译器安装完成。

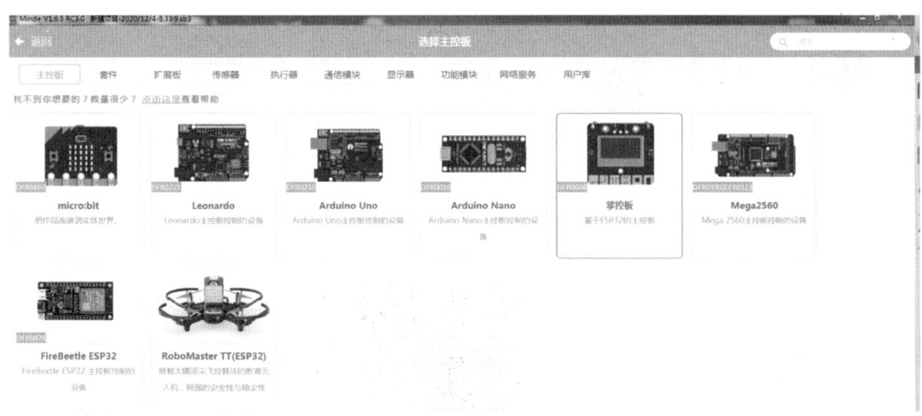

添加掌控板

编译器安装完成后，Mind+的菜单栏【连接设备】的下拉菜单中会出现一个COM口菜单，点击【COM3-CP210x】选项，菜单栏上显示出设备的名称，如下图所示。

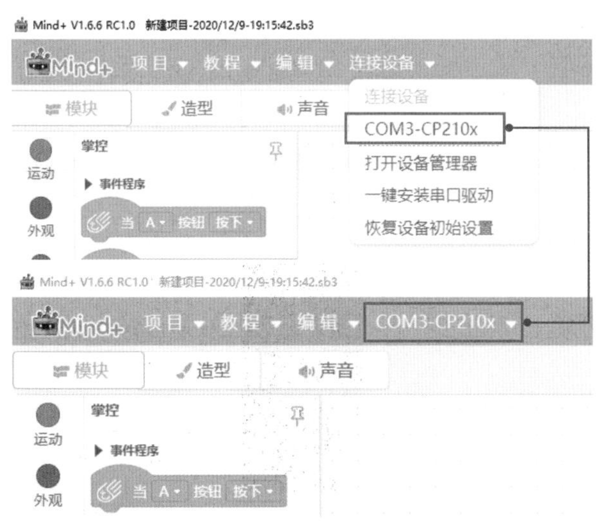

通过 COM 口连接设备

温馨提示

每个人的计算机不同，外接设备不同，COM 口的显示编号也会有所不同。如果你连接后，计算机显示的 COM 口与本书不同，也不用担心，只要能识别，就能正常运行。在安装和使用过程中，如果遇到问题，还可以加入官方的技术支持群，获得技术帮助。

如果是第一次使用掌控板，还需要安装硬件的驱动程序，方法也很简单。点击“连接设备”菜单栏下的【一键安装串口驱动】命令，这个时候会弹出“设备驱动程序安装向导”对话框，根据提示，点击【下一步】、【安装】按钮，完成驱动的安装。

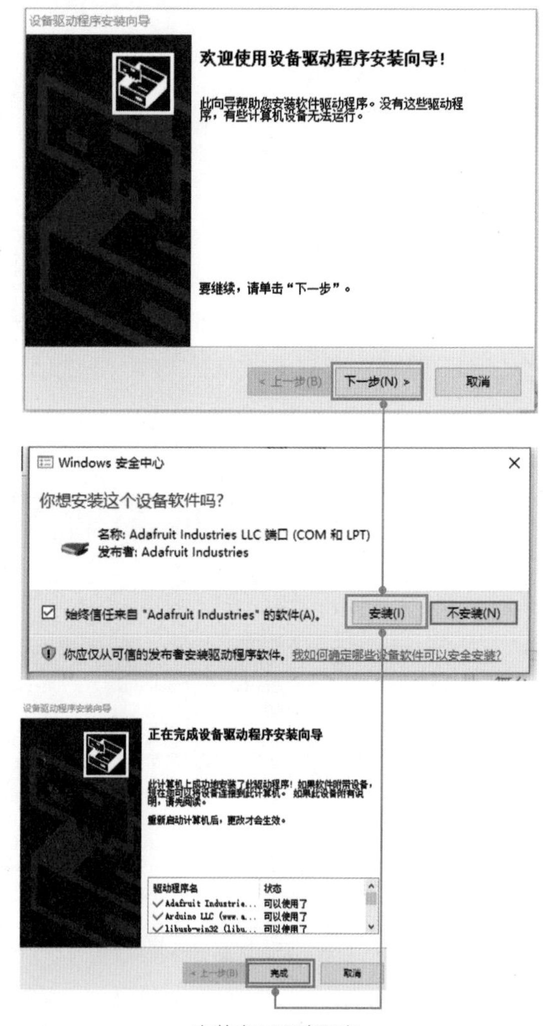

安装串口驱动程序

让虚拟程序连接真实世界

硬件连接好以后，进入 Mind+ 的扩展面板，分别加载【舵机模块】、【掌控板】、【micro:bit& 掌控扩展板】、【HUSKYLENS AI 摄像头】。

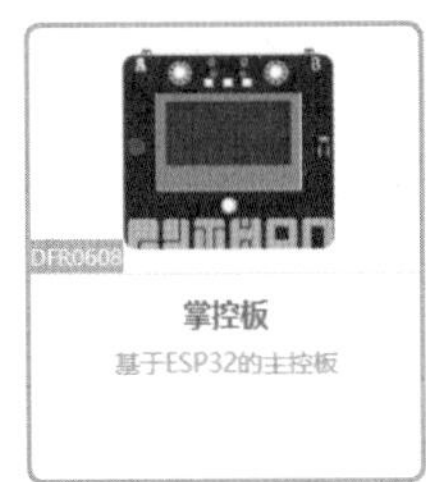

加载扩展功能模块

在上传模式下编写如下图所示的人脸识别程序。通过摄像头，对人脸进行识别。如果识别通过，则屏幕提示“授权通过”，并升起起落杆。如果识别未通过，则屏幕提示未授权通过，起落杆不会升起。

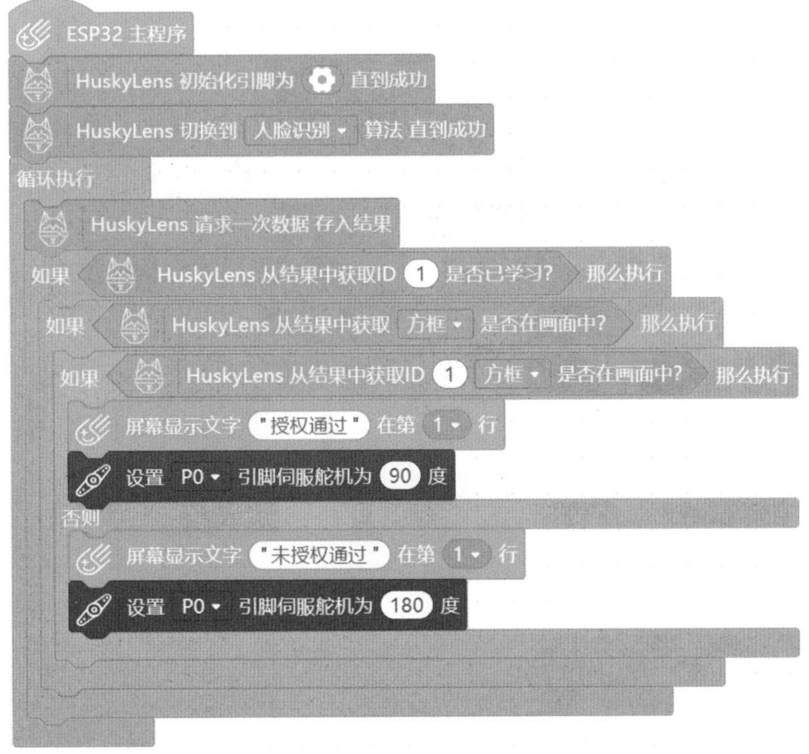

选择【上传到设备】命令，将编写好的程序烧录到掌控板，这样即使脱离计算机，硬件也能够按照我们编写的程序离线运行了。

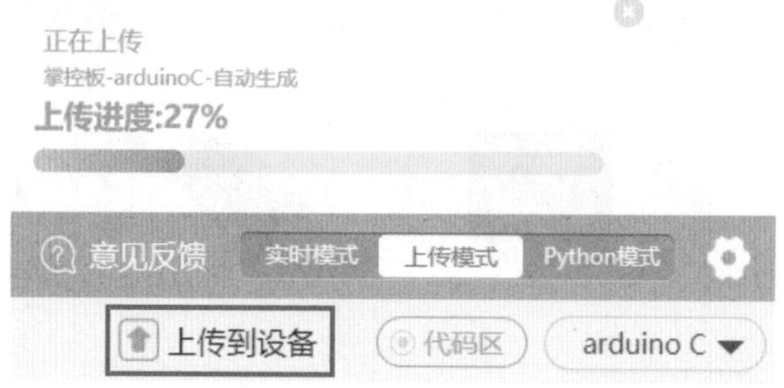

上传完成后，我们就可以脱离 Mind+ 使用了。来检测一下识别效果吧。当摄像头检测到符合要求的人脸时，屏幕会提示人脸 ID 号，同时掌控板屏幕会出现“授权通过”的提示。反之，如果摄像头检测不到符合要求的人脸，就不会显示 ID 号，而掌控板屏幕会出现“未授权通过”的提示。

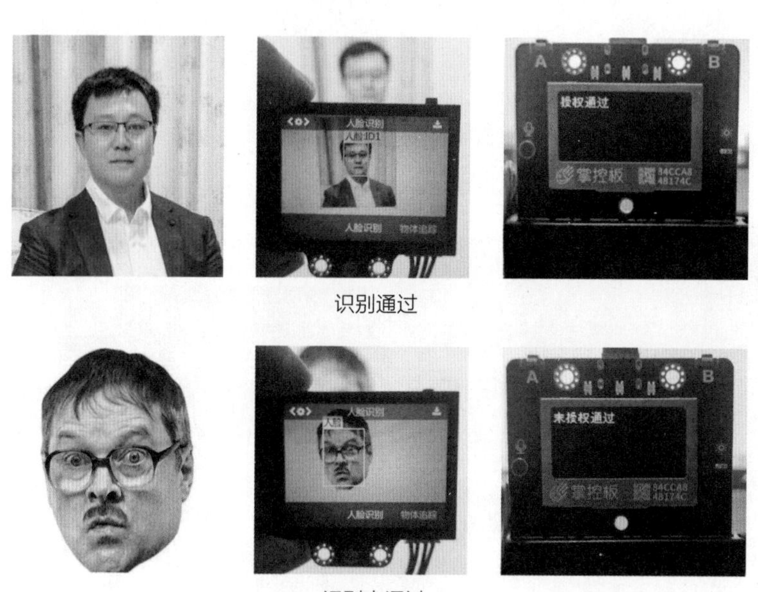

识别通过

识别未通过

亲爱的小朋友们，相信通过上面的学习，你一定对通过编程来改变生活、改造世界有了新的想法了吧。让我们在这个最美好的时代，让自己的无限创意变成现实。加油吧！